DEBRA BARDOWICKS | KATHARINA JAKOB

GEFÄHRTE HUND

Faszinierende Einblicke in die Mensch-Hund-Beziehung aus der ganzen Welt

8
10

INHALT

REISELUST UND TIERLIEBE

Meine Großmutter Georgette Jackson, eine professionelle Violinistin, in den 1940er-Jahren auf Reisen mit ihrem Foxterrier Fiddles.

Als Hundemensch hat man Gemeinsamkeiten mit jedem anderen Hundemenschen auf der Welt. Egal, ob man in einer Villa lebt, in einer Wohnung oder auf der Straße. Hunde findet man auf fast jedem Kontinent und in jeder Kultur. Vor mindestens 18.000 Jahren hat unser Zusammenleben angefangen. Sie sind unsere Familienmitglieder, Helfer und Beschützer. Diese besondere Beziehung einzufangen, ist mein Ziel.

Seit mittlerweile mehr als 16 Jahren arbeite ich weltweit als Tierfotografin. Wie ich dazu gekommen bin? Geboren wurde ich 1982, im chinesischen Jahr des Hundes. Als ich sechs Jahre alt war, kam Charlie zu uns. Bei einem Besuch im Tierheim hatte der Schnauzermischling sein strubbeliges Fell am Gitter entlanggerieben, um möglichst viele Streicheleinheiten zu bekommen, und sich so sein neues Zuhause gesichert. Er wurde unser erster Hund.
Gene für Reiselust und Tierliebe gab es in meiner Familie schon immer. Meine erste Spiegelreflexkamera bekam ich von meiner Großmutter, auch einer Hundenärrin. Geboren in Ungarn, hatte sie sich in England in meinen Großvater verliebt. Zusammen brachen sie mit dem Auto Richtung Ägypten auf, um sich am Ende in Zimbabwe niederzulassen. Das Fotoalbum ihrer Reise habe ich geerbt, aber leider haben sie mir nie davon erzählt.

Ich studierte Biologie in England und Finnland, machte meinen Master in Biofotografie und war mit Anfang zwanzig professionelle Fotografin mit dem Schwerpunkt Tiere. Wenn man Tierfotografin ist, hat man beim Smalltalk nie wieder ein Problem. Besonders wenn man dafür um die Welt reist. Fragen dazu hat eigentlich jeder. Die meisten Menschen, die ich treffe, denken, mein Job wäre sehr interessant und glamourös.

Das Erste stimmt. Die Menschen und Tiere, denen ich begegnet bin, sind so vielfältig wie die Länder, die ich bereise. Langweilig wird mir nie. Allein die Organisation der Reisen bringt einiges an Recherche und Herausforderungen mit sich. Vor allem, wenn man die Sprache des Landes nicht spricht und noch nicht einmal die Schriftzeichen auf der Landkarte entziffern kann.

Der zweite Punkt stimmt nicht. Mein Auftrag ist es, Geschichten zu fotografieren, egal wo. Dabei spielt es keine Rolle, ob ich eine bestimmte Organisation porträtiere, eine spezielle Hunderasse oder eine besondere Mensch-Tier-Beziehung. Der Glamour kommt dabei meistens ausgesprochen kurz. Das fängt bei der Unterkunft an. Zwar habe ich auch schon in Fünf-Sterne-Hotels übernachtet, in denen das Badezimmer allein schon größer war als mein Wohn- und Schlafzimmer zusammen. Aber meistens nehme ich die praktischste Lösung. Das Mehrbettzimmer im Hostel, in dem das einzige Fenster auf den Gemeinschaftsraum zeigt und sich nicht öffnen lässt. Eine Hütte in der Wildnis, das Bett aus Holzbrettern und ohne Matratze, geteilt mit einer Ratte und Kakerlaken. Oder ein altes Kinderzimmer, in dem niemand mehr wohnt, noch voll mit Puppen und Jugendpostern und ziemlich viel Staub.

Auch meine Transportmittel sind oft nicht komfortabel, wichtig ist, dass ich mein Ziel erreiche. In Nicaragua brachte mich die tagelange Flussfahrt in einem ausgehöhlten Baumstamm an die Grenzen meiner Geduld. Auch ungewohnte Gummistiefel für Expeditionen in den Urwald sind definitiv nicht empfehlenswert. Die Strapazen haben sich am Ende aber immer gelohnt.

Die coronabedingte Reisepause war die perfekte Möglichkeit, meine spannendsten Geschichten aus den vergangenen 16 Jahren aufzuschreiben. Den größten Nachteil hatten meine großartigen Familienmitglieder und Freunde. Sie kümmern sich normalerweise darum, dass meine drei Hunde zu Hause bestens versorgt sind, wenn ich verreise. Jetzt haben sie sich beschwert, dass sie in den vergangenen Monaten meine Hunde viel zu selten gesehen haben.

Da ich bisher nur gelegentlich geschrieben habe, bat ich meine Co-Autorin Katharina Jakob, mich bei den Texten für dieses Buch zu unterstützen. Sie ist Hundeexpertin, Buchautorin und eine Freundin. Da sie zu meinen Fotos schon oft tolle Texte geschrieben hat und wir mehrfach zusammen gereist sind, war diese Kombination perfekt. Ich konnte meine Erinnerungen aufschreiben, Katharina hat sie bearbeitet und so sind durch dieses Teamwork zwölf Reportagen entstanden, die davon erzählen, wie einzigartig die Beziehung zwischen Mensch und Hund ist.

Bedanken möchte ich mich bei Katharina dafür, dass sie dem gemeinsamen Buchprojekt sofort offen gegenüberstand und mich die vielen Monate geduldig gecoacht hat. Außerdem natürlich den Protagonisten dieses Buches, meiner Familie und den vielen Menschen, die mir entlang meiner Reisen mit Tipps, Kontakten, Übersetzungen, Transportmitteln, Übernachtungsmöglichkeiten und bei unzähligen kleinen und großen Herausforderungen geholfen haben. Meinem Freund danke ich für regelmäßige Essenslieferungen an meinen Schreibtisch während der intensiven Schreibphase und dafür, dass er mir die fehlenden Sofaabende nicht übelnimmt.

Viel Spaß bei unserer Reise zu Hunden in aller Welt!

Debra Bardowicks

EIN MEISTER IN MENSCHENKUNDE

Ich bin mit Hunden aufgewachsen. Dann trennten sich unsere Wege. Während meiner Ausbildung zur Journalistin sehnte ich mich zwar unablässig nach einem Hund, aber ich wusste, dass mein Leben dafür zu unstet war. Doch als mein Mann und ich in ein Haus zogen, dauerte es nur wenige Wochen und der erste eigene Hund stieß dazu. Es war ein Labradorrüde, der neue Menschen brauchte, weil er sein Zuhause verloren hatte. Diese Begegnung hat – so dramatisch das auch klingen mag – tatsächlich mein Leben verändert. Ich begann, mich im Tierschutz zu engagieren, und schrieb als Wissenschaftsjournalistin immer ausführlicher über die Mensch-Tier-Beziehung und die Erforschung der tierischen Intelligenz. Je mehr ich über Hunde lernte, desto größer wurde mein Staunen über dieses außergewöhnliche Tier, das der Mensch so lange unterschätzt hat. Der vermeintlich »dumme Hund« ist nichts weniger als ein Kommunikationsgenie. Er hat die Sprache und das Verhalten der Menschen so intensiv studiert, dass er mit allen unseren Lebensräumen, Umgangsweisen und Regeln klarkommen kann, so verschieden sie auch sind. Dass der Hund ein solcher Meister in Menschenkunde geworden ist, ringt mir enormen Respekt ab.

Dann kreuzte die Tierfotografin Debra Bardowicks meinen beruflichen Weg. Ich liebte ihre Bilder sofort, weil sie das Wesen von Hunden auf so einzigartige Weise festhalten. Wir begannen, im Auftrag des Hundemagazins »DOGS« durch die Welt zu reisen, und waren beide fasziniert von der riesigen Vielfalt der Hund-Mensch-Beziehungen rund um den Erdball. Aus dieser Faszination ist unser Buch entstanden. Im Teamwork – wie es unsere Lieblingstiere so meisterhaft beherrschen.

Oben: Benno, der ein Zuhause brauchte und mein Leben verändert hat. **Rechts:** Debra und ich auf Reportagereise im Land der Streuner, dem Territorio de Zaguates in Costa Rica.

Haben Sie viel Vergnügen beim Lesen

Katharina Jakob

EINE FREUNDSCHAFT FÜR IMMER

Wer einst auf die Idee kam, sich dem Wolf zu nähern, statt ihn zu verjagen, hat der Menschheit einen unschätzbaren Dienst erwiesen. Denn aus dieser Begegnung hat sich im Lauf vieler Jahrtausende die intensivste Freundschaft entwickelt, die es jemals zwischen zwei Arten gab: die zwischen Hund und Mensch.

Ein Sloughi in Marokko genießt die zärtliche Berührung einer Hand.

Wir wissen nicht, wann genau diese Annäherung begann. Auch nicht, wie sie vonstatten ging oder warum. Hatte sich zuerst der Wolf dem Menschen genähert, wie einige Forschende sagen? Lockten ihn Jagdabfälle und Essensreste? Oder war es doch der Mensch, der verwaiste Wolfswelpen mit in seine Behausung nahm? Vielleicht in der Hoffnung, dass ein zahmer Wolf ihm später bei der Jagd helfen könnte. Oder dass das Tier, wenn es ausgewachsen wäre, das Lager beschützen und andere Raubtiere abschrecken würde. All diese Fragen sind nach wie vor offen. Sicher ist nur: Der Hund ist das erste Haustier des Menschen. Während sich Schaf und Ziege, unsere frühesten Nutztiere, zu Beginn des Ackerbaus vor rund 10.000 Jahren an uns gewöhnten, fand die Domestikation des Wolfes vor mindestens 18.000 Jahren statt. Gut möglich, dass sie sogar noch um einiges weiter zurückreicht. Zahnfunde von Hundeartigen, die 28.500 Jahre alt sind, zeigen Abnutzungsspuren, die Wölfe nicht haben – vielleicht weil Menschen sie ernährten? Neuere Forschungsarbeiten datieren den Beginn der Hundwerdung auf etwa 33.000 Jahre vor unserer Zeit. Denn der Hund war ja nicht von Anfang so, wie wir ihn heute kennen. Ein wildes Tier wie den Wolf erst in der Nähe zu dulden, dann zu zähmen und schließlich zu domestizieren, war ein Prozess über Jahrtausende. Im Lauf dieser Zeit veränderte sich das Verhalten des Wolfes – und auch sein Erbgut.

Finnische Lapphunde helfen den Einwohnern Lapplands bis heute beim Treiben und Bewachen von Rentierherden. Dort heißen sie Suomenlapinkoira.

Genau das ist die Bedeutung von Domestikation: eine genetische Anpassung an das Zusammenleben mit Menschen. Ein Wildtier, das nur gezähmt wird, bleibt weiter ein Wildtier, sein Erbgut verändert sich nicht. Der Weg vom Wolf zum Hund hingegen war ohne zahlreiche Umwandlungen im Erbgut nicht möglich. In jüngster Zeit finden Forschende immer mehr von diesen genetischen Anpassungen. So zeigt sich, dass die Ernährung wohl eine entscheidende Rolle bei der Domestikation gespielt hat. Im Gegensatz zu Wölfen können Hunde mit einer stärkehaltigen Nahrung gut leben. Was an einer Handvoll Genen liegt, die bei der Stärkeverdauung eine Schlüsselrolle spielen und die sich beim Hund weiterentwickelt haben, beim Wolf aber nicht. Das war vermutlich ein ähnlicher Prozess, wie ihn auch der Mensch durchlaufen hat, als er sich vom Jäger und Sammler zum Ackerbauern wandelte. Der frühe Landwirt kultivierte Wildgetreide, machte sich unabhängiger vom Jagdglück, passte sich an stärkehaltige Nahrung an, die er zuvor nicht gewohnt war. Und fütterte damit auch seinen Begleiter Hund, der sich seinerseits anpasste.

UNSER WICHTIGSTES TIER

Der Hund ist aber nicht nur unser erstes Haustier, sondern auch unser wichtigstes. Ohne ihn hätten wir nicht die unwirtlichsten Gegenden der Welt besiedelt, etwa die polaren Regionen. Dorthin konnte uns kein anderes Tier folgen. Wer sich in der Arktis dauerhaft niederlassen wollte, brauchte ein Rudel Hunde, das Schlitten über das Eis zog und so die Jäger zu den Robbenlöchern brachte. Völker, die ihre Hunde verloren hatten, mussten wieder zurückwandern in Richtung Süden. Auch die Nomaden der Wüstenge-

Die Domestikation schreitet weiter voran: Überall auf der Welt rücken Hunde und Menschen noch enger zusammen, auf unterschiedlichste Art und Weise.

biete waren abhängig von ihren Windhunden. Nur diese pfeilschnellen Hetzjäger vermochten Hasen, Antilopen und Gazellen zur Strecke zu bringen und Menschen mit Wildtierfleisch zu versorgen. Die Abhängigkeit vom Hund als Jagdhelfer existiert bis zum heutigen Tag, wie unsere Reportage aus Nicaragua zeigt (siehe Seite 20). Die Völker der Mayangna und der Miskito, die im Urwald an der Grenze zu Honduras leben, sind auf ihre Hunde angewiesen, die für sie die Jagdbeute aufspüren.

Welche Bedeutung Hunde für Menschen haben, zeigt sich auch in den vielen verschiedenen Aufgaben, die sie für uns übernehmen – weit mehr als jedes andere Tier. Zu allen Zeiten hüteten und trieben Hunde das Vieh, bewachten Herden und Häuser, assistierten beim Fischfang, zogen Lastenkarren, hielten Behausungen von Nagetieren frei, dienten als Babysitter und Wärmflaschen. Heute arbeiten sie außerdem im polizeilichen Dienst und bei der Drogenfahndung, sind Therapiehelfer, Blindenführ- und Rettungshunde. All das aufzuzählen, was Hunde für Menschen tun, ist kaum möglich, weil stets neue Aufgaben dazukommen. So wurden gerade die ersten Hunde ausgebildet, die Coronaviren erschnüffeln können. Kurz: Der Hund gehört zum Besten, was der Mensch jemals hervorgebracht hat.

DER MENSCHENVERSTEHER

Während der Ursprung der Domestikation noch immer ein Rätsel ist, kennen wir das Ergebnis umso besser: Heraus kam ein Tier, das wie kein anderes gelernt hat, den Menschen zu verstehen. In der langen Zeit unseres Zusammenseins haben Hunde eine geradezu legendäre Beobachtungsgabe entwickelt. Sie achten genau auf die menschliche Gestik und Mimik und versuchen herauszufinden, was wir wohl als Nächstes vorhaben und was das wiederum für sie bedeutet. Dabei sind sie in mehrfacher Hinsicht über den Schatten ihrer Art gesprungen, um mit uns zusammenleben zu können. Manche unserer wichtigsten Kommunikationsformen sind den wilden Vorfahren fremd oder haben eine gänzlich andere Bedeutung. So gilt in der Wolfswelt – und auch bei Hunden untereinander, solange sie nicht spielen – der direkte Blick ins Gesicht eines anderen als Unhöflichkeit. Doch mit Menschen kann man nicht kommunizieren, wenn man sie nicht ansehen will. Der Blickkontakt gehört zu unseren zentralen Mitteln der Verständigung. Hunde haben das gelernt.

Dasselbe gilt für das Lächeln, das der Wolf nicht beherrscht, manche Hunde aber durchaus. Der wölfische Stammvater kennt nur das sogenannte submissive Grinsen, ein Beschwichtigungssignal, das ausdrückt, dass man die Stärke des anderen anerkennt und einer Konfrontation aus dem Weg gehen will. Doch einzelne Hunderassen wie zum Beispiel die Dalmatiner haben offenbar gelernt, wie Menschen zu lächeln. Sie entblößen die oberen Schneidezähne, bewegen ihre Oberlippe auf und ab und ziehen zugleich die Mundwinkel nach hinten. Dadurch entsteht ein deutlich sichtbares Lächeln, das auch Nichthundehalter erkennen. Es wird – wie bei uns – vor allem in Begrüßungssituationen eingesetzt. Die renommierte Zoologin und Hundeforscherin Dr. Dorit Feddersen-Petersen aus Kiel hat jahrzehntelang zum Lächeln von Hunden geforscht und weiß, dass Hunde,

STAFF

Oben: Portugiesische Wasserhunde arbeiteten jahrhundertelang auf Fischerbooten.

Rechts: Debras Hündin Cookie liebt Tricktraining und fordert Aufmerksamkeit, wenn sie Langeweile hat.

die lächeln, dies fast nur in unserer Gegenwart tun, kaum untereinander. Es ist ein Verhalten, das für den Gefährten Mensch bestimmt ist.

All das zeigt uns: Die Domestikation ist nicht zu Ende, sie ist ein fortwährender Prozess. Beide Arten rücken immer näher zusammen, überall auf der Welt, in unterschiedlichsten Varianten. Sie wohnen in Baumhäusern miteinander, wie das Volk der Korowai in West Papua mit seinen Hunden, oder teilen sich ein Apartment mitten in Manhattan.

Es ist eine höchst spannende Reise, auf die sich das Hund-Mensch-Team vor vielen Jahrtausenden begeben hat. Wir dürfen gespannt sein, wohin sie uns noch führt.

DAS JAGDTEAM IM DSCHUNGEL

Die wahrscheinlichste Ursache für die Domestikation des Hundes: Der Mensch erschuf sich einen Helfer für die Jagd. Genau dieses Teamwork zwischen Hund und Mensch gibt es heute noch – im Regenwald von Nicaragua.

Jesus blickt auf mich herab. In der rechten Hand trägt er eine Machete, über der Schulter ein Gewehr. Er grinst. Ich stecke bis zu den Knien im Schlamm. Gerade noch habe ich versucht, auf allen Vieren die Böschung hinaufzukriechen, die Jesus so leichtfüßig erklommen hat. Jetzt klammere ich mich an ein paar Zweigen fest und spüre, wie unter mir der Boden nachgibt. Statt fester Wanderschuhe trage ich Gummistiefel, weil es hier im Dschungel ohne Unterlass regnet, selbst in diesen Tagen, in denen eigentlich Trockenzeit sein sollte. Doch die Gummistiefel geben mir keinen Halt. Gleich werde ich in ihnen den Hang hinabschlittern wie auf einer Rutschbahn.

In der Luft braust es unablässig, als kreise ein Hubschrauber über den Wipfeln. Das Dröhnen kommt von Abertausenden Insekten in den Bäumen, die ihre Flügel aneinanderreiben. Von fern höre ich Hundegebell. Das muss Chocolate sein, die Jagdhündin von Jesus. Vielleicht hat sie ein Beutetier entdeckt oder sie bellt, weil wir ihr nicht folgen. Jesus geht in die Knie, beugt sich vor und streckt mir seine freie Hand entgegen. Ich greife danach, schlammverschmiert und außer Atem.

Ich stecke im Regenwald von Nicaragua, mitten im Biosphärenreservat Bosawás, dem zweitgrößten Dschungel Lateinamerikas. Jesus ist Jäger und mein

Links: Kurze Pause im Urwald, während wir warten, dass die Hunde sich melden. **Rechts:** Professor Jeremy Koster studiert das Jagdverhalten der Dorfbewohner.

Guide. Er gehört zum Volk der Mayangna, das hier lebt wie vor Hunderten von Jahren. Ich kenne ihn erst seit wenigen Stunden und folge ihm nun durchs Dickicht bei seiner Jagd nach Tapiren, Pekaris und Gürteltieren. So etwas ist typisch für mich. Allerdings jage ich Bilder, keine Tiere, im Gegenteil, ich esse noch nicht einmal Fleisch. Die Menschen hier leben mit ihren Hunden noch immer so, wie es ihre Vorfahren getan haben. Sie arbeiten mit ihnen und sind auf ihre Hilfe angewiesen.

Wir in Deutschland halten Hunde als Familienmitglieder. Die meisten führen ein Leben im Luxus und haben keine Pflichten, außer an unserer Seite zu sein. Doch im Dschungel von Nicaragua verhält sich die Sache anders. Ich besuche die Mayangna und die Miskito, zwei indigene Völker, die von der Außenwelt fast gänzlich abgeschnitten sind. Wer zu ihnen gelangen will, muss mehrere Tagesreisen auf sich nehmen. Sie bauen Früchte, Gemüse und Getreide an, halten Vieh und treiben ein wenig Handel mit Nachbardörfern, die genauso versteckt im Dschungel liegen.

Aber in der Hauptsache leben sie von der Jagd. Und hier kommen ihre Hunde ins Spiel, bunt gescheckte Mischlinge von mittlerer Größe, zäh und unerschrocken. Vor allem aber: unentbehrlich für die Gemeinschaft. Ein Gürteltier, das sich in einem Baumstamm versteckt, ist für einen menschlichen Jäger unauffindbar. Aber nicht für einen Hund. Er spürt die Beute auf und hindert sie an der Flucht, damit ein Jäger wie Jesus sie erlegen kann. Ohne ihre Hunde wären die Mayangna und die Miskito auf der Jagd nicht so erfolgreich. Genau das will ich mir ansehen.

AUF DEN SPUREN DER DOMESTIKATION

Von diesem Teamwork aus Mensch und Tier erfuhr ich durch die Forschungsarbeit des US-amerikanischen Anthropologen Jeremy Koster, Professor an der Universität von Cincinnati in Ohio. Koster beschäftigt sich seit rund zwanzig Jahren mit der Jagdgemeinschaft im Dschungel. Er glaubt, dass die Domestikation von Hunden genau so ihren Anfang nahm: Der Mensch wollte ein Tier haben, das ihm bei der Jagd half. Im Verlauf vieler Jahrtausende schufen unsere Vorfahren, so Kosters Überzeugung, aus dem wilden Wolf einen kooperativen Hund, mit dem das Überleben leichter fiel. Er konnte Wild entdecken, aufscheuchen und zu den Jägern treiben. Dafür bekam er seinen Anteil vom Fleisch – er hatte also auch etwas davon.

Doch aus dem Wolf einen Begleiter zu formen, war ein schwieriger Prozess. Schließlich musste ein Raubtier dazu gebracht werden, für den Menschen zu arbeiten, und zwar nicht widerwillig, sondern gern. Andernfalls konnte es seine Aufgabe nicht erfüllen, sich selbstständig auf die Suche nach Beute zu machen. Die Vorteile der Domestikation mussten so groß gewesen sein, dass sie die Mühen für beide Partner wettmachten, vermutete Koster. Nur eine Win-win-Situation ließ den Wolf zum Haustier Hund werden. Auf der Suche nach einer Bestätigung für seine These stieß der Forscher auf die Mayangna und die Miskito. Er besuchte ihre Siedlungen viele Male und lebte schließlich ein Jahr lang bei ihnen im Regenwald. Diese Geschichte faszinierte mich. Spontan nahm ich Kontakt zu Koster auf. Ich fragte ihn, ob es eine Mög-

Jagdhunde in Nicaragua durchlaufen keine Ausbildung durch den Menschen.
Sie lernen von erfahrenen Artgenossen, denen sie bei der Jagd zusehen.

lichkeit gäbe, ihn in den Dschungel zu begleiten und seine Forschungen aus nächster Nähe mitzuverfolgen. »Aber ja«, lautete die Antwort, »ich bereite gerade eine Expedition vor. Kommen Sie doch mit.« Keine zwei Monate später trafen wir uns in Nicaraguas Hauptstadt Managua, um zusammen in den Dschungel aufzubrechen. Wir hatten uns noch nie zuvor gesehen.

VIER TAGESREISEN BIS NACH ARANG DAK

Und da bin ich nun. Hinter mir liegt eine zweitägige Reise mit einem Jeep ins Landesinnere, über immer holpriger werdende Pisten. Unterwegs schliefen wir in Holzhütten. Als die Fahrwege endeten, setzten wir unsere Reise auf den Flüssen fort. In einem engen, wackligen Kanu fuhren wir zwei weitere Tage lang stromabwärts, immer tiefer hinein in den Regenwald. Zuerst auf dem Bocay-Fluss, dann weiter auf dem Rio Coco, um schließlich abzubiegen auf den River Lakus. Der ist berüchtigt für die Kaimane, die an seinen Ufern leben. Zwar versicherten mir meine Mitreisenden, Jeremy Koster, sein Assistent und die beiden Fahrer, dass Kaimane keine Menschen jagen, sondern nur Tiere, die kleiner sind als sie selbst. Aber das beruhigte mich nicht. Eine der Echsen, die ich am Ufer sah, war mindestens drei Meter lang. In ihren Augen war ich genau das – ein kleineres Tier. Kurz: Ich hatte fürchterliche Angst.

Nach insgesamt vier Tagen erreichten wir unser Ziel: Arang Dak, das Dorf der Mayangna und der Miskito, in dem Jesus lebt. Hier haben sich Angehörige beider Völker angesiedelt, aber auch einige Zugezogene aus den Städten und sogar Einwanderer aus dem grenznahen Honduras. Arang Dak ist ein größeres Dorf auf einer Waldlichtung. Rund 35 Hütten stehen beieinander auf Stelzen, zum Schutz vor Wildtieren, Schlangen und der aufsteigenden Nässe. Wer in den Wald hineinwill, um zu jagen, muss sich mit einer Machete den Weg freischlagen.

So wie Jesus, der mich jetzt die Böschung hinaufgezogen hat und sein Lächeln nicht verliert, obwohl ich den Jagdausflug mit meiner Langsamkeit behindere. Das liegt allerdings nicht nur an den Gummistiefeln und den schlammigen Pfaden, sondern auch am Gewicht meiner Fotoausrüstung auf dem Rücken. Jesus ist ein dünner, sehniger Mann, sein Alter kann ich nicht schätzen. Wir verständigen uns mithilfe von Wortfetzen, weil ich seine Sprache nicht verstehe und auch nur wenig Spanisch kann. »Tingki«, sage ich, als ich neben ihm auf der Anhöhe stehe. Das heißt »danke« auf Mayangna, wie ich inzwischen weiß. Um zu zeigen, dass ich keine Last sein will, sage ich noch: »Mawang«, so etwas wie »weiter gehts«.

Jeremy Koster ist nicht dabei. Er ist bei den Bewohnern im Dorf geblieben und macht seine Begrüßungsrunde. Jesus hat sich bereiterklärt, mir zu zeigen, wie er mit seiner Hündin Chocolate Beute macht. Bislang haben wir allerdings noch kein Wild aufgespürt.

Chocolate taucht aus dem Dickicht auf, eine schmale Hündin mit hellbraunem Fell. Sie scheint verwundert zu sein, warum wir uns so viel Zeit lassen. Normalerweise verläuft die Jagd so: Die Hündin läuft auf den Pfaden voran und sucht nach einer Wildfährte. Jesus folgt ihr, hackt mit der Machete ab, was seinen Weg behindert, und ruft sie hin und wieder. Daraufhin antwortet sie mit Gebell, damit Jesus weiß, in welche Richtung er gehen muss. Dabei sucht Chocolate nach keinem bestimmten Tier – das meiste Wild ist essbar.

AUCH NICHTSTUER WERDEN DURCHGEFÜTTERT

Die Jagdhunde der Mayangna und der Miskito haben ihre Aufgaben nicht von den Menschen gelernt, sondern von erfahrenen Althunden, die ihnen zeigen, was zu tun ist. Es gibt fünf Variationen der Jagd: Finden die Hunde eine kleinere Beute, etwa ein Nagetier wie ein Aguti, töten sie es selbst und bringen es ihrem Menschen. Größeres Wild umkreisen und verbellen sie so lange, bis der Jäger zur Stelle ist. So machen sie es vor allem mit Pekaris, den Nabelschweinen. Stöbert ein Hund dagegen etwas Großes auf wie einen Hirsch oder einen Tapir, hat er als Einzelner nur eine Chance, wenn es ihm gelingt, das Tier in einen Flusslauf zu treiben und an der Flucht zu hindern – und darauf zu hoffen, dass sein Jäger rasch nachkommt. Vögel wiederum werden aufgescheucht und zum Hochflattern gebracht, damit der Mensch sie in der Luft erschießen kann. Am häufigsten kommt Variante fünf vor: Der Hund erschnüffelt ein Tier in seinem Bau, wie zum Beispiel ein Gürteltier, und bellt den Jäger herbei.

Genau das passiert heute, trotzdem haben wir kein Jagdglück. In dem Erdloch, das Chocolate findet, hält sich kein Wild auf, vielleicht hat es kurz zuvor den Bau verlassen. Nach etwa drei Stunden lässt die Energie der Hündin nach. Sie läuft nun neben uns her und stöbert nicht mehr durchs Gebüsch. Jesus beschließt, die Jagd abzubrechen und ins Dorf zurückzukehren.

Da wir kein Fleisch mitbringen, besteht das Abendessen in Arang Dak heute aus Bohnen, Reis und frittiertem Maniok. Gekocht wird in den Häusern auf der Veranda über offenem Feuer. Im Inneren der Pfahlbauten stehen nur die Betten. Die Menschen hier besitzen nicht viel. Ich entdecke keine Bücher oder Spielsachen, überhaupt gibt es nur wenige Dinge, die man kaufen kann: Kochgeschirr, Waffen oder Kleidung wie Jeans, T-Shirts, Baseball-Caps. Ein Dorfbewohner zeigt mir stolz sein Mobiltelefon. Er kann nicht viel damit anfangen, weil die einzige Solarbatterie in Arang Dak – ein Solarpanel auf dem Dach eines Hauses – nur wenig Strom erzeugt und der Empfang hier spärlich ist. Mein eigenes Telefon hat sich schon seit Tagen verabschiedet und ist nur noch ein nutzloser Gegenstand.

Die Hunde im Dorf führen ein freies Leben. Ich kann zwar nicht genau feststellen, welcher Mischling zu welchem Haus gehört, aber alle haben ein Heim, Streuner gibt es nicht. Tagsüber dösen die Tiere auf den Terrassen oder streifen durchs Dorf, wenn sie nicht mit ihren Menschen im Wald unterwegs sind. Sehr talentierte Jagdhelfer begleiten ihre Halter überallhin, etwa zur Ernte auf den Feldern, denn eine Gelegenheit zum Beutemachen kann sich jederzeit ergeben. Mir fällt auf, dass die Hunde nur selten ihr Dorf auf eigene Faust verlassen, um im Wald herumzustreifen. Jeremy Koster erzählt, dass einige Hunde überhaupt nicht jagen, sondern reine Haustiere sind ohne irgendwelche Pflichten. Doch einen Unterschied in der Haltung gibt es nicht, sie bekommen dasselbe zu fressen wie ihre Artgenossen, die sich nützlich machen.

JAGDGLÜCK DURCH TEAMWORK

Am nächsten Morgen wachen wir bei Sonnenaufgang in unseren Hängematten auf. Jeremy Koster und ich verlieren keine Zeit. Wir besteigen ein Kanu und lassen uns den Fluss hinauffahren. Es geht zu Emiliano, der mit seiner Familie außerhalb von Arang Dak lebt, bei seinen Plantagen. Er gilt als der erfolgreichste Jäger der Gegend oder besser gesagt: seine drei Hunde. Fast ein Drittel der gesamten Jagdausbeute des Dorfes geht allein auf ihr Konto.

Links: Bei den Kindern in Arang Dak sind die Hunde beliebte Spielkameraden.
Oben und unten: Alltag im Dschungeldorf – egal ob beim Essen oder beim Verlesen von Bohnen, die Hunde sind immer dabei.

Zusammenarbeit am Gürteltierbau – Kalum hat das Loch gefunden und angefangen zu graben, jetzt wartet er gespannt, ob Emiliano noch seine Hilfe braucht.

Als wir nach kurzer Fahrt das Stelzenhaus der Familie erreichen, ist Emiliano schon auf den Beinen und kümmert sich um die Ernte. Seine Frau Perla ruft uns auf die Veranda, wo wir uns zu den dösenden Hunden auf den Boden setzen. Wir lauschen dem Geklapper des Kochgeschirrs, Perla bereitet das Frühstück zu. Es gibt Reis und Bohnen – auch für die Hunde. In nächster Nähe muhen Kühe, Hühner gackern unter der Terrasse. Die Stimmung ist allseits gelöst, bei Menschen und Tieren.

Ich sage nichts, aber frage mich im Stillen, wie ausgerechnet diese drei Hunde auf der Jagd so erfolgreich sein können. Jedes Tier wiegt höchstens zwölf Kilo. Die Hündin Tinible mit ihrem rotweißen Fell und den straffen Stehohren ginge in Europa als Schoßhund durch. Genau wie der noch kleinere Rüde Ticho oder der dreifarbige Kalum. Was in ihnen steckt, beginne ich zu ahnen, als Emiliano zurückkommt.

Wie fast alle Männer hier ist auch Emiliano drahtig und alterslos. Doch ihn werde ich kaum ohne Zigarette im Mund sehen, ganz egal, ob er im Dschungel ein Gürteltier tötet, abends auf der Veranda beim Essen sitzt oder auf seiner Plantage arbeitet. Auch hackt er sich sorglos durch den Wald, kurzärmlig, in zerschlissener Kleidung, während ich mich mit Mückenspray und Funktionsklamotten ausgestattet habe und dauernd Ausschau nach Schlangen halte. Wasser trinkt er mit einem Schilfrohr aus dem Bach.

Nun steht der Jäger vor uns, strahlt und sagt: »Parasta«, was »Hallo« heißt. Ein Handschlag in die Runde. Dann greift er ohne ein weiteres Wort zum Gewehr. Seine Hunde, die gerade noch auf der Seite lagen, springen auf. Jegliche Gelöstheit ist mit einem Schlag aus ihren Körpern gewichen, Tinibles Stehohren vibrieren. Es geht los.

In diesem Waldstück außerhalb von Arang Dak gibt es keine Pfade mehr. Die Hunde zwängen sich durchs Blattwerk, Emiliano bahnt uns mit der Machete einen Weg. Wir erreichen einen gefallenen Baumstamm, an dessen Rinde die Hunde schnüffeln. Sie springen hinauf und wieder hinunter, untersuchen die Eingänge. Bis vor Kurzem hauste darin ein Aguti, dann kamen Emilianos Hunde und brachten es zur Strecke. Nun ist der Hohlraum leer. Tinible, Ticho und Kalum nehmen ihren Streifzug wieder auf. Ich kann spüren, wie konzentriert sie sind.

Emiliano muss sich noch stärker auf sein Gehör fokussieren als Jesus, der nur mit einer Hündin jagen geht. Bei drei Jagdhelfern ist es nicht so leicht, zu unterscheiden, ob sie nur aus Aufregung bellen oder weil sie tatsächlich etwas gefunden haben. Oder ob das Wild, das sie entdecken, nicht schon zu weit weg ist. Oder welche Richtung er wählen muss, wenn Tinible auf der einen Seite anschlägt und Ticho auf der anderen.

Ich hänge ein wenig meinen Gedanken nach. Heute kommen wir langsamer durch das Dickicht voran, ich muss mich nicht so sehr darum bemühen, den Anschluss zu halten. Aber selbst ich in meinem verträumten Zustand bemerke, dass sich plötzlich das Gebell in der Ferne verändert. Es wird schrill. Das sind Alarmrufe, sie kommen gezielt aus einer Richtung. Die Hunde scheinen sehr erregt zu sein. Sie bellen jetzt ununterbrochen, müssen etwas entdeckt haben. Mit wuchtigen Machetenschlägen eilt Emiliano dem Bellen entgegen, ich haste hinterher. Tatsächlich: Je näher wir dem Radau kommen, desto stärker schwillt er an. Wir hören Tinible, Ticho und Kalum, die ein Wildtier gefunden haben und nicht gewillt sind, es laufen zu lassen. Sie rufen ihren Jäger und es klingt, als sollte der sich beeilen.

Ein Gürteltier in seinem Bau. Zwei Eingänge führen ins Erdreich. Die Hunde blockieren sie, damit ihre Beute nicht entkommen kann. Nun werde ich Zeugin des Teamworks von Mensch und Hund. Während Emiliano von der einen Seite aus zu graben beginnt, machen es ihm die drei auf der anderen Seite nach. Die Erde fliegt unter ihren Läufen in hohem Bogen

Nach jeder Jagd sucht Emiliano seine Hunde zu Hause gründlich nach Verletzungen und Parasiten ab. Tinible lässt ihn geduldig ihre Pfote inspizieren.

nach hinten. Sie graben sich rasch in den Bau hinein, immer weiter voran. Ihre Leiber verschwinden nach und nach in der Tiefe. Ich weiß, dass dieses Volk und seine Hunde von der Jagd leben, auch wenn ich mir in diesem Moment wünsche, es wäre nicht so. Unwillkürlich schließe ich die Augen, als Emiliano das Gürteltier in seinem Bau erreicht, der zur Falle geworden ist. Er tötet es mit einem einzigen Stich der Machete in den Bauch.

Emiliano verstaut das Tier in seinem Leinensack, bettet es auf Laub, damit das Blut nicht durchsickert. Wir treten den Rückweg an. Die Hunde sind fieberhaft all diesen Spuren nachgegangen, es war eine anstrengende Arbeit, eigentlich müssten sie todmüde sein. Aber Tinible, Ticho und Kalum sind bester Laune, tragen ihre Ruten hoch. Auch Perla freut sich, als sie die Jagdausbeute sieht: Heute Abend gibt es nicht nur Bohnen und Reis auf dem Teller.

Das Erste, was Emiliano macht, als er zu Hause ankommt: Er untersucht jede einzelne Pfote seiner Hunde. Haben sich Insekten darin eingenistet? Stecken Dornen darin? Sind die Ballen verletzt? Danach prüft er die Flanken der Tiere, streift ihre Läufe mit den Händen ab, sucht nach Bissen oder Kratzern. Er arbeitet sich konzentriert durch alle drei Leiber, bis er zufrieden ist. Dann entlässt er die drei in den Feierabend. Sie verwandeln sich wieder in die entspannten Faulenzer vom Vormittag. Rollen sich unter den Hängematten zusammen, legen ihre Ruten über die Schnauzen und schlafen nach ein, zwei Seufzern so tief, wie man nur schlafen kann, wenn das Tagwerk vollbracht ist.

DER LANGE WEG NACH HAUSE

Überall auf der Welt gibt es Shelties. Nur auf den Shetlandinseln machen sie sich rar. Die Hunde, die aussehen wie Mini-Collies, waren jahrzehntelang aus ihrer Heimat beinahe verschwunden. Was hat sie vertrieben? Und lassen sie sich wieder nach Hause holen? Die Züchterin Marion Anderson versucht genau das.

Vierzehn Schafe stehen am Hang. Es ist ein rauer Sommertag auf den Shetlandinseln, die weit draußen in der Nordsee liegen – 60. Breitengrad, aber immer noch Schottland. Nur 16 der rund 100 Inseln sind bewohnt. Hierher fliegen die Arbeiter der Ölbohrplattformen in kleinen Pendlerflugzeugen. Setzt eine Maschine zum Landen an, wird die Hauptstraße gesperrt, weil die Rollbahn quert. Dann warten die Autos hinter einer Schranke, bis der Flieger vorbeigezogen ist.

Shetland ist aber auch die Heimat vieler kleiner Tiere. Die vierzehn Schafe am Hang gehören zu den Shetland Sheep, der kleinsten Schafrasse Großbritanniens. Mit ihrer Genügsamkeit passen sie zur Kargheit dieser Inseln, deren Weiden zu mager sind, um größere Rassen mit ausreichend Nahrung zu versorgen. Auch die Shetlandponys sind bisweilen so kurzbeinig, dass sie unter einem Gartentisch grasen könnten. Doch klein sein heißt hier, zäh sein. Heißt, den Winterstürmen zu trotzen und dem Regen den Buckel hinzudrehen, auch wenn es tagelang wie aus Eimern schüttet. Rund 200 Tage im Jahr sind nass. Dafür hat ein Shetlandschaf hier seine Ruhe. Das Gras, die Herde, die Abgeschiedenheit, mehr braucht es nicht, um sich wohlzufühlen.

Und weil es so beschaulich ist, rechnet auch keines der Tiere mit so einem Aufruhr. Unvermittelt taucht

Links: Marion Anderson kuschelt mit Hündin Mischief.

Rechts: Mischief rennt den Hügel hinauf, um die Schafe zu holen.

oben am Hang eine Kreatur auf. Winzig, mit wehenden Haaren. Steht da wie ein Schattenriss. Um dann in rasendem Lauf auf die Herde niederzufahren, mit gellendem Gekläff und fliegenden Läufen. Durch die Herde geht ein Ruck. Vierzehn Schafe heben abrupt die Köpfe. Die ersten setzen sich in Bewegung, suchen den Schulterschluss mit den anderen. Traben zusammen den Hügel hinab. Ein kleines braunes Lamm bricht zur falschen Seite aus, erkennt seinen Irrtum, dreht sich im Sprung um die eigene Achse und setzt der Herde nach. Nur weg von Mischief.

So heißt das wilde Bündel, das aussieht wie ein Langhaarcollie, nur eben im Bonsaiformat. Mischief – auf Deutsch »Störenfried« – ist eine Shetland-Sheepdog-Hündin oder kurz: ein Sheltie. Das dritte kleine Tier der Inseln. Einst geboren, um Zwergschafe zu hüten, was kein allzu schwerer Job war. Denn die Tiere grasten auf eingegrenzten Weiden, umgeben von niedrigen Steinmauern. Brachen sie aus und plünderten die Gemüsegärten der Bauern, war es Sheltie-Pflicht, sie in die »toons« zurückzutreiben, in die ummauerten Weideplätze. Deshalb nannte man die Hunde auch »toonie dogs«. Zudem hielt ihr durchdringendes Gebell Raubvögel davon ab, die Lämmer zu attackieren. Für all das genügte ein kleiner Hund, der weniger fraß als ein großer.

Entfernten sich die Schafe jedoch zu weit von den Weiden und kamen den Klippen zu nahe, musste auch ein »toonie dog« Großes leisten und dafür sorgen, dass kein Tier ins Meer stürzte. Deshalb überholt Mischief jetzt die Herde, zieht einen Kreis um sie und bringt sie zum Stehen. Die Schafe drängen sich in der Ebene zusammen. Blöken ein wenig, senken dann nach und nach die Köpfe und beginnen wieder zu grasen.

TAUSEND KILOMETER FÜR EINEN SHELTIE

Zu dritt stehen wir auf der Hügelkuppe und beobachten das Ganze wie Feldherren eine Schlacht. Wir, das sind Marion Anderson, ihre Tochter Amanda und ich. Anderson ist Mischiefs Halterin und Züchterin von Shelties, auch die Schafe gehören ihr. Eigentlich sollte Mischief die Herde wieder zu uns zurückbringen, zumindest in unsere Richtung treiben. Doch sie ist kein erfahrener Hütehund, sondern ein Azubi, und dies war Teil eins der Übung: Schafe versammeln.

Mischief starrt zu uns herauf. Täusche ich mich, oder sieht die Hündin jetzt nicht ziemlich stolz aus? Sogar so, als sei sie ein Stück gewachsen? »Das war schon mal ganz gut«, sagt Marion Anderson, eine robuste Frau im Schafwollpulli. Ihre Wangen sind vom vielen Draußensein gerötet, die Kurzhaarfrisur in Graublond hält jedem Wetter stand. Sie pfeift, Mischief spurtet uns entgegen. Ihre Plüschohren flattern im Wind wie kleine Wimpel.

Ich habe gerade etwas Seltenes gesehen – einen Sheltie auf Shetland. Noch dazu einen, der seinen Job ausübt. Es mag kurios klingen, aber es ist eine Tatsache: Auf Shetland kommt der Shetland Sheepdog kaum vor und dass er Schafe hütet, gibt es noch weit weniger. Es war Marion Anderson, die im Jahr 2010 für den ersten Wurf auf den Inseln sorgte, nach fünfzehn Jahren Flaute, in denen dort überhaupt keine

Welpen dieser Rasse geboren wurden. Auf der Suche nach einer Hündin für ihre Zucht musste Anderson nach Birmingham in England fahren, rund 1060 Kilometer entfernt, mehr als 14 Stunden mit der Fähre, plus sieben Stunden mit dem Auto. Für einen Hund mit dem Namen ihrer Heimat. Anderswo ist die Rasse überaus beliebt, sei es in den USA, in Australien, vor allem aber in Großbritannien, also praktisch nebenan. Dort überall haben sich die großen Kennel Clubs etabliert, dort gibt es Sheltiezüchter in Hülle und Fülle. Auf Shetland dagegen sind nur Marion Anderson und eine weitere Züchterin aktiv. Dabei sind Shelties nicht nur hübsch, sondern auch gutmütig und schlau. In den Hundesportarten Obedience und Agility belegen sie bei Prüfungen meist die ersten Plätze in der Kleinhundklasse, sodass man sich schon freut, wenn da mal eine andere Rasse die Nase vorn hat.

Shelties können nicht nur Schafe hüten, sie haben auch gelernt, mit anderen Tieren wie Zwergrindern, Gänsen und Ponys umzugehen.

EIN SOUVENIR AUF PFOTEN

Die Hunde stammen von hier, sie sind für dieses raue Klima geschaffen. Was hat sie aus ihrer Heimat vertrieben? Niemand kann mir das so recht erklären, weder Marion Anderson noch der Zuchtverband in Schottland oder die vielen Mitglieder einer Sheltie-Facebook-Gruppe. Offenbar spielen mehrere Gründe eine Rolle. Hausschafe haben mittlerweile die kleinen Shetlandschafe ersetzt, sodass die Landwirte nun Border Collies halten, die mit so großen Tieren umgehen können und auch Rindern gewachsen sind.

Ein anderer Grund ist historischer Natur und hat mit dem Geschäftssinn eines gewissen James Loggie zu tun. Diesen Mann aus Aberdeen verschlug es um 1900 auf die Shetlandinseln, nach Lerwick auf Mainland. So heißt die Hauptinsel, auf der auch Marion Anderson lebt. Loggie versuchte sein Glück im Touristengeschäft, betrieb eine Bar und ein Hotel. Dabei fiel ihm auf, dass seine Gäste von den niedlichen Inselhunden schwärmten. Immer wieder kam einer an und wollte einen Sheltie mit nach Hause nehmen. So begann James Loggie, lebende Souvenirs für

»Arbeit an den Schafen –
wie in alten Zeiten.«

1

2

3

4

5

1 – Mischief in ihrem Element.

2 – Mystery, ein Hüteprofi.

3 – Die lokale Schafrasse – Shetland Sheep.

4 – Schroffe Klippen, raues Klima.

5 – Für jede Aktivität zu haben – auch für eine Bootstour.

Touristen zu züchten. Im Jahr 1908 hatte er schon 25 Hunde für sein Zuchtprogramm und bald mächtig Ärger am Hals.

Bis dahin waren die Shelties noch keine Rasse gewesen, sondern spitzähnliche Mischlinge aus allerlei Zutaten. Grönländische Yakkis waren darunter und norwegische Buhunde, die mit den Seefahrern einst auf die Shetlands gekommen waren, aber auch Collies aus Großbritannien. Den Insulanern ging es ja nicht um Schönheit, sondern schlicht um Können. Die Hunde sollten ihren Job erledigen und keine Ansprüche stellen.

James Loggie aber wollte Kasse machen. Er gründete 1908 den »Shetland Collie Club«, um seine Tiere unter diesem Label zu vermarkten, denn Collies waren damals schwer in Mode. Allerdings hatte er nicht mit dem Widerstand der Züchter dieser Rasse gerechnet. Die verboten Loggie, seinen Mischlingen das Prädikat »Collie« zu verleihen. So kam es schließlich zum Namen »Shetland Sheepdog« und für Loggie dennoch zu einem lohnenden Geschäft. Sommerfrischler aus England rissen sich um die hübschen Zwerge, der Gastwirt kam mit dem Nachschub nicht mehr hinterher. Zu seinem Leidwesen waren seine Shelties nicht sehr fruchtbar, mehr als drei oder vier Würfe pro Hündin waren nicht drin.

Aus Gründen, die im Dunkeln bleiben – hatte er Ärger mit den Behörden, wie eine Quelle behauptet? –, verkaufte Loggie nach ein paar Jahren seine Zuchthunde, verließ Shetland und zog nach Australien. Der einträgliche Handel mit den Shelties wanderte nach Schottland und England ab. »Auf unseren Inseln kam es zum Ausverkauf«, sagt Marion Anderson. »Shetland war arm und mit den schönen Hunden ließ sich Geld verdienen, also ging die Zucht nach England.« Dort überboten sich die Züchter bald darin, immer kleinere und collieähnlichere Hunde hervorzubringen. Das unablässige Selektieren auf Schönheit und Zwergwuchs tat der Rasse allerdings nicht gut, im Lauf der Jahrzehnte stellten sich etliche Gendefekte ein (siehe Kasten Seite 47). Kurz: Aus dem Arbeitstier wurde ein Schoßhund, noch dazu ein kränklicher. So etwas brauchte auf den Shetlands wiederum kein Mensch.

DIE AUSWANDERER KEHREN ZURÜCK

Marion Anderson weiß um die belastete Gesundheit der Rasse. Ihre Zuchthündin Mystery aus Birmingham – also jene mit den ersten einheimischen Welpen seit 1995 –, musste per Kaiserschnitt entbunden werden. In den Anfangstagen fehlte ihr die Milch und Anderson musste die Kleinen mit der Flasche füttern. Der erste Wurf war deshalb auch Mysterys letzter, selbst wenn ihre Verwandlung von einem

KODIAK
YAMAHA

Um abseits der Straßen herumzukommen, ist das Quad ein beliebtes Verkehrsmittel. Auch als Aussichtsturm für die Hunde eignet es sich gut.

englischen Schoßhund in ein shetländisches Arbeitstier eindrucksvoll gelang. Das stand sogar in der Zeitung, in der »Shetland Times« am 19. Februar 2010: »Als die Hündin aus Birmingham geholt wurde, hatte sie nie zuvor Gras gesehen und keinen Schimmer davon, wofür ein Garten gut war. Heute kann sie Schafe einfangen und zum Hof treiben.«

Doch Marion Anderson hat nicht nur den festen Willen, Shelties nach Shetland zurückzuholen, sondern auch, sie wieder robuster und gesünder zu machen. Was ein mühevolles Unterfangen ist: Passende Deckrüden, die den Genpool auffrischen können, wohnen Tagesreisen entfernt. Auch das ist ein Grund, warum Shelties nur langsam in ihre Heimat zurückkehren. Aber es geht voran, wenn auch in kleinen Schritten – wie ich gleich darauf am Wochenende feststelle.

Es ist Country Show in Cunningsburgh auf Mainland. Im Sommer gibt es solche Feste auf dem Land überall. Wir fahren zeitig los und sehen, wie Züchter ihre Rinder, Mutterschafe und Widder am Strick über die Straße zum Festgelände führen. Auf Wiesen, abgesperrt mit Flatterband, grasen die Ponys, die später bei den Reitturnieren mitmachen. In Reih und Glied stehen schon die Kandidaten der Shetlandpony-Schönheitsshows bereit. Sie sind im Morgengrauen gewaschen und gebürstet worden, ihre Mähnen

wehen fluffig im Wind. Kinder halten sie an Führleinen fest und warten darauf, sie im Ring der Jury zu zeigen. Das schönste Pony bekommt später eine Rosette ans Halfter und ein Foto in der örtlichen Zeitung.

Ich sehe mich nach den Hunden um. Eine Hundeausstellung wurde mir angekündigt und so warte ich auf die wenigen Shelties von Shetland. An den Ständen kreisen derweil die Debatten, wer den leckersten Schokoladenkuchen gebacken und die cremigste Butter hergestellt hat. Kinder präsentieren ihre Kunstwerke, die sie aus Gemüse gebastelt haben, etwa ein Krokodil, geschnitzt aus einer Gurke mit riesigen Augen aus Heidelbeeren.

Aber wo sind die Hunde? Besser gesagt: Wo sind die Shelties? Jede Menge Border Collies und Labradors treiben sich auf dem Festgelände herum. Auch Whippets habe ich schon entdeckt. Doch nur vier Shelties sind da. Zwei hat Marion Anderson mitgebracht, darunter natürlich Mischief. Die vier sehen mit ihren leuchtend bunten Pelzen aus wie exotische Besucher. Oder wie Auswanderer, die längst in fernen Ländern leben und nur auf Stippvisite in der Heimat sind. Marion Anderson will das so nicht stehen lassen. »Die Zahl der Shelties auf Shetland wächst«, sagt sie. »Es gibt hier jetzt so viele wie seit zwei Jahrzehnten nicht.« Knapp zwanzig mögen es inzwischen sein. Außerdem bleiben alle Welpen aus Marions Zucht auf Shetland, kein einziger hat je die Inseln verlassen. Sie werden also langsam wieder heimisch.

Auch Preise sammeln sie schon zu Hause. Mischief geht heute als Champion aller Rassen vom Platz. Der Richter hat ihr eine Schleife in Blauweiß umgelegt, deren Bänder am Boden schleifen, weil sie länger sind als Mischiefs Vorderläufe. Marion Anderson nimmt ihren Hund auf den Arm und lächelt. Natürlich ist sie stolz. Aber wirklich wichtig ist ihr etwas anderes. Shelties sind Arbeitshunde. »Wir hoffen«, sagt die Züchterin, »dass sie eines Tages wieder an Schafen arbeiten werden wie in den alten Zeiten.«

DER MDR1-GENDEFEKT BEI DEN SHETLAND SHEEPDOGS

Das lange Selektieren auf Kleinheit und Attraktivität hat bei den Shelties zu einigen Erbkrankheiten geführt. Zu ihnen gehört der MDR1-Gendefekt. MDR steht für „Multi Drug Resistance". Dieser Gendefekt bewirkt, dass die normalerweise feste Blut-Hirn-Schranke bei betroffenen Hunden sehr viel durchlässiger ist. Bestimmte Substanzen und Medikamente können diese Schranke passieren. Im Gehirn reichern sie sich in hoher Konzentration an und können zu Hirn- und Nervenschäden führen, zu starken Vergiftungserscheinungen und manchmal auch zum Tod des Hundes. Ivermectin etwa, ein gängiges Antiparasitenmittel, darf keinem Träger des MDR1-Gendefekts gegeben werden. Dabei sollte man wissen, dass Ivermectin auch Pferden verabreicht wird, sodass selbst das Fressen von Pferdeäpfeln für betroffene Hunde gefährlich werden kann. Aber auch bestimmte Antibiotika und Narkosemittel müssen bei Trägern des Gendefekts dringend vermieden werden.

Wer einen Sheltie hat, sollte unbedingt mithilfe eines Bluttests überprüfen lassen, ob sein Hund Defektträger ist. Shetland Sheepdogs sind zwar weniger stark betroffen als die Kurz- und Langhaarcollies, aber mit einer Häufigkeit von 7 bis 35 Prozent ist das Risiko auch bei ihnen hoch.

IN BUDDHAS HAND

Auf der thailändischen Insel Koh Samui werden Streunerhunde, die in Tempeln leben, auf ungewöhnliche Art versorgt. Um sie kümmert sich eine Kooperation aus Mönchen und Tierschützern, die auch aus Europa stammen. Zu ihnen gehört die Schweizerin Jay Häfliger, die einen besonders langen Atem bewies.

Es ist eng im Auto. Ich sitze eingezwängt zwischen Futtersäcken im Laderaum. Die Luft ist so feucht, dass mir das T-Shirt am Leib klebt. Auf der Straße nach Nathon hoppeln wir von Schlagloch zu Schlagloch. Am Steuer sitzt Jay Häfliger, 37 Jahre alt, neben ihr Tom, der seinen Nachnamen für sich behält. Beide stammen aus der Schweiz. Jay umkurvt die schlimmsten Krater mit routinierten Bewegungen aus dem Handgelenk. Vermutlich könnte sie die Strecke mit verbundenen Augen fahren. Seit 2007 versorgt sie die Streunerhunde, die in den Tempeln leben, mit Futter und Medikamenten. Dies ist ihre Morgenrunde.

Links: Jay und Tom untersuchen bei ihren Tempelfahrten die Hunde und bringen Futter. **Oben:** Das Vertrauen der Mönche haben sich die Tierschützer erarbeitet.

Da höre ich schon das erste Bellen. Über die Säcke hinweg kann ich sehen, wie ein Rudel aus sechs oder sieben Hunden auf uns zurennt, wilde Mischlinge aller Farben und Größen. Jay geht vom Gas, lässt das Auto langsam rollen. Am Ende der Straße beginnt eine fremde Welt. In einem weitläufigen exotischen Garten stehen Häuser mit roten Spitzdächern. Ich sehe farbenfroh bemalte Giebel, Türen, die von Schnitzkunst umrahmt sind, Stoffwimpel, die sich von Dach zu Dach spannen. Wir sind in Wat Chaeng angekommen, einem buddhistischen Tempel im Westen von Koh Samui, und fahren ins Innere der Anlage. Vorbei an hoch gewachsenem Buschwerk, riesigen Palmen und hängenden Blüten. Überall, wo es kühl ist, auf den Steinfliesen der Terrassen, im Schatten von Bäumen, haben sich Hunde ausgestreckt und hecheln gegen die Hitze an. Einen Menschen kann ich nirgendwo entdecken.

Vorsichtig öffnen wir die Wagentüren. Das Rudel, das uns begleitet hat, lässt uns kaum aussteigen. Die Tiere zwängen sich in den Türspalt, springen an den Fensterscheiben hoch. Wir strecken ihnen die Hände entgegen, halb streicheln wir sie, halb schieben wir sie zur Seite. Deshalb sehe ich auch den Mann nicht gleich, der hinter ihnen aufgetaucht ist wie eine Erscheinung. Sein Gesicht ist undurchdringlich. Lächelt er? Blickt er abweisend? Der Kopf ist kahl geschoren, das orangefarbene Gewand liegt wie ein Laken über der linken Schulter. In seine Armbeuge kuschelt sich ein kleiner Hund. Das muss der Mönch sein, der im Tempel für die Tiere verantwortlich ist.

»Wie heißt er?«, flüstere ich Jay zu. »Strong Monk«, flüstert sie zurück. Seinen wahren Namen erfahre ich nicht. Für Europäer ist es schwierig, einen thailändischen Namen richtig auszusprechen. Machen sie es falsch, wirkt das wie eine Beleidigung. Deshalb nutzen die Tierschützer untereinander englische Bezeichnungen wie Strong Monk, starker Mönch. Mich schaut der Mann nicht an. Auch ich versuche, mich möglichst diskret zu verhalten. Ich gehöre nicht zum Team der Tierschützer, das hier eine Sonderstellung einnimmt. Eine, die es sich hart erarbeiten musste.

Als Strong Monk die Tierschützer begrüßt, fliegt ein Lächeln über sein Gesicht. Die drei werden gleich im Schatten eines Hauses die Hunde verarzten. Werden Schulter an Schulter arbeiten, Tiere festhalten, Verbandsmaterial weiterreichen und sich dabei unweigerlich berühren. In der Welt der thailändischen Mönche ist das ein Tabubruch sondergleichen. Fremde dürfen ihnen nicht nahekommen, sie schon gar nicht anfassen. Sie müssen respektvoll Abstand halten und die Augen niederschlagen. Aber wie soll das gehen, wenn man gemeinsam versucht, einen blutenden Hund zu behandeln, der auf dem Boden liegt, strampelt und um sich beißt?

KOOPERATION DER KULTUREN

Dass dieses Teamwork zweier so unterschiedlicher Kulturen funktioniert, dass es überhaupt existiert, ist das Ergebnis jahrelanger Anstrengungen. Mittlerweile akzeptieren viele Mönche, was anfangs unvorstellbar schien: dass weiße Wohlstandseuropäer kommen und mit ihnen zusammen Hunde versorgen. Hunde, die keiner haben will, die aber nun mal da sind und aus religiösen Gründen nicht aus den Tempeln vertrieben werden. Der buddhistische Glaube empfindet Mitleid mit allen Lebewesen, auch wenn sie voller Flöhe und verdreckt sind (siehe Kasten Seite 61). Den Hunden bekommt dieses Bündnis ausgezeichnet. Die meisten sehen gesund aus, fast alle sind geimpft und kastriert.

Das war 2004 noch ganz anders, als Jay nach Thailand kam, um Urlaub zu machen. Statt sich zu erholen, war sie vom ersten Tag an geschockt. Sie sah unzählige Streuner auf der Straße, abgemagert und krank. Niemand kümmerte sich um sie, gleichzeitig vermehrten sie sich unablässig. Zurück in ihrem schweizerischen Alltag konnte Jay nicht vergessen, was sie erlebt hatte, und kehrte kurz darauf nach Koh Samui zurück. Erst nur für ein Jahr, um den Hunden zu helfen. Dann blieb sie. Aus der Freiwilligenarbeit im »Dog and Cat Rescue Center«, in dem auch Tom arbeitet, wurde ein Vollzeitjob. Tom hingegen lebt weiter in der Schweiz, kommt aber jedes Jahr für einige Monate, um zu helfen.

Der erste Hund braucht eine Impfung. Es ist ein kleiner weißer Mischling, noch fast ein Welpe, der sich unbefangen hochnehmen lässt und keinerlei Angst zeigt. Während Strong Monk ihn an seine Brust drückt, setzt Jay ihm die Spritze.

»Woher kannst du das?«, frage ich sie. Ich weiß, dass sie früher im Marketing gearbeitet hat, nicht als Medizinerin. »Von den Tierärzten aus aller Welt, die manchmal im Center helfen«, antwortet Jay und wartet auf den nächsten Hund, den Tom herbeibringt. Das Tier hat eine Wunde auf dem Rücken, die nur langsam verheilt. Jay zieht sich Gummihandschuhe an, hebt es auf die Laderampe des Autos und untersucht es, während Tom die Vorderbeine festhält. Strong Monk blickt den beiden über die Schulter, steht mit dem nächsten Tier bereit.

»Was hat dich zu den Tempelhunden gebracht?«, frage ich weiter. »Das lag nahe«, antwortet sie. »Das wahre Problem befand sich nicht im Tierheim, sondern draußen. Ohne die Streuner zu kastrieren, kommt man nicht voran.« In den Tempeln wurden die Tiere geduldet und bekamen manchmal Essensreste. Aber thailändische Mönche leben selbst von Spenden, für Hundefutter haben sie kein Geld.

Als Jay zum ersten Mal auf Tempelhunde traf, waren viele von ihnen räudig und steckten voller Würmer. Das brachte sie auf die Idee mit der Kooperation. Was, wenn man die Mönche bei der Versorgung unterstützte? Allen wäre geholfen. Mit schweizerischer Tatkraft machte sie sich an die Umsetzung ihres Plans. Ging strahlend und mit ausgestreckter Hand auf die Mönche zu. Scheiterte gleich zu Beginn. Kreuzte sie mit ihrem Auto auf, versteckten sich die Männer oder wiesen ihr die Tür. Ausländer galten als unzuverlässig. Sie hatten schlechte Manieren, mischten sich in Angelegenheiten ein, die sie nichts angingen, fielen wie ein Heuschreckenschwarm über das Land her und waren genauso schnell wieder weg.

»Ich habe anfangs bestimmt nicht den besten Eindruck gemacht«, sagt Jay. Mühsam wie eine Fremdsprache erlernte sie die Kultur des Landes. Wie macht man das, niemanden vor den Kopf stoßen? Auch wenn den Tierschützern heute noch manche Tempeltür verschlossen bleibt – dort war der kulturelle Graben zu breit –, führten Beharrlichkeit und Demut in den meisten Fällen zum Erfolg. Woche für Woche belud das Team seinen kleinen Jeep bis unter die Decke mit Futtersäcken und fuhr die Tempel ab. Wollte niemand mit ihnen sprechen, ließen sie ein paar Säcke zurück und behandelten die verletzten Tiere. Zeigte sich doch mal ein Mönch, nahmen sie sich respektvoll zurück. Allmählich entspannte sich die Situation. Strong Monk und andere fassten allmählich Vertrauen und begannen, auf die Tierschützer zu warten. Denn die Maßnahmen wirkten. Die Tiere erholten sich, sahen nicht mehr so kränklich aus.

»Über allem liegt eine fast
andächtige Ruhe,
die auch die Hunde zu
erfassen scheint.«

Oben und rechts: »Strong Monk« hat eine enge Bindung zu den Tieren und versorgt sie.
Unten: In der Mittagshitze liegen die Hunde am liebsten im Schatten der Tempel.

Schon allein die Wurmkuren und das Flohpulver waren eine Erlösung für Mensch und Tier. Auch kämpften die Hunde nicht mehr um jeden Happen Futter. Die Tempelbesucher verhielten sich wohlwollender. Ein hübscher Hund, der gesund aussieht und nicht aufdringlich wird, ist einer, bei dem die Leute lächeln. Kurz: Jays harte Arbeit und die ihres Teams trug allmählich Früchte.

EINE KLARE GRENZE ZIEHEN

Rasch und routiniert arbeiten Strong Monk und die beiden Tierschützer Hand in Hand. Als alle Hunde versorgt sind, hebt Jay einen mächtigen Futtersack aus dem Wagen. Strong Monk legt ihn sich über die Schulter, verabschiedet sich mit einem Kopfnicken und geht ins Innere der Anlage, begleitet von seinem Rudel.

Wir steigen ins Auto und kehren zurück auf die holprige Straße. Beim nächsten Tempel, der auftaucht, hält Jay nicht an. Als ich nach dem Grund frage, schüttelt sie den Kopf. Dort sind sie nicht willkommen. Noch nicht mal ihre Futterspenden. Einige Mönche lehnen es ab, sich überhaupt um Streuner zu kümmern. »Trotzdem können wir zufrieden sein«, sagt Jay und biegt in eine Seitenstraße, »wir arbeiten überwiegend gut zusammen.«

So wie im nächsten Tempel, wo der zuständige Mönch im Schatten eines Gebäudes sitzt und mit einem Wurf Welpen spielt. Er nimmt die Kleinen hoch auf seine Hand und lässt sich in die Finger beißen. Dann reicht er sie Jay und Tom nacheinander zur Untersuchung. Die Innenseiten der winzigen Ohren sind sauber, die Augen nicht verklebt. Zum Abschluss gibt es das Welpenpaket aus Impfung, Entwurmung und Flohpulver.

Bald verliere ich den Überblick, wie viele Hunde behandelt werden. In jedem Tempel leben um die 30 oder 40 Tiere, das heißt, heute müssten etwa 250 Hunde drangekommen sein. Es ist ein friedlicher Tag, ohne die Katastrophen, die es auch gibt. Etwa wenn Jay auf ein Rudel toter und sterbender Hunde trifft, die jemand vergiftet hat. Hunde, die ihr eine Woche zuvor noch schwanzwedelnd entgegengerannt kamen. Mittendrin ein weinender Mönch, der nicht fassen kann, was mit seinen Tieren passiert ist.

»Wie hält man das aus?«, frage ich sie. »Manchmal trinkt man nach der Arbeit ein Gläschen zu viel«, antwortet sie und lächelt. In den Anfangsjahren hat Jay gearbeitet, bis sie weinte und ins Bett fiel oder sich mit Wein betäubte. »Das muss jede Tierschützerin und jeder Tierschützer lernen«, sagt sie. »Eine klare Grenze zu ziehen: Hier sind die Hunde und hier bin ich. Ich habe ein Recht auf Erholung.«

EIN WOHNHAUS, NICHT NUR FÜR MENSCHEN

Am nächsten Tag wartet Strong Monk nur auf mich. Er hat eingewilligt, dass ich ihn mit den Hunden fotografiere. Mit einem Taxi fahre ich zum Tempel. Als ich ankomme, harkt er Laub. Sein Blick ist konzentriert, er zieht den Rechen mit ruhigen Bewegungen über den Sand und hinterlässt feine Rillen darin. Mit einem Nicken begrüßt er mich, dann fährt er in seiner Arbeit fort. Sein Gesicht ist heiter, ich lese keine Spur von Ablehnung darin. Über allem liegt eine fast andächti-

Oben: Kurze Spielpause nach getaner Arbeit. **Unten:** Heute untersteht die Organisation einer neuen Leitung, Jay und Tom sind nicht mehr dabei. Jay lebt weiterhin auf Koh Samui und kümmert sich um bedürftige Tiere.

ge Ruhe, die auch die Hunde zu erfassen scheint. Sie rollen sich in Strong Monks Nähe zusammen und schauen seinen Bewegungen zu.

Nach einer Weile bedeutet mir der Mönch, ihm zu folgen. Wir verständigen uns nur mit Blicken und Gesten. Zusammen gehen wir in die Richtung, in die er gestern den Futtersack getragen hat. Das Rudel folgt uns. Versteckt hinter dem Tempel, von den Wegen aus nicht zu sehen, liegt ein kleiner See. Ein Holzhaus auf Stelzen steht an seinem Ufer. Es ist ein Wohnhaus, aber eines, das nicht nur für Menschen bestimmt ist. In einer Reihe stehen Metallschüsseln auf dem Boden. Strong Monk verteilt Futter darin. Während die Hunde fressen, setzt er sich im Schneidersitz auf die Veranda und blickt aufs Wasser.

Wer von den Hunden gefressen hat, läuft über die hölzernen Planken zu Strong Monk. Der kleine weiße Mischling, der gestern geimpft wurde, klettert auf seinen Schoß. Ein anderer, der aussieht wie ein Schäferhund, legt sich zu seinen Füßen. Strong Monk sitzt auf seiner Veranda im Sonnenlicht wie ein buddhistischer Franz von Assisi. Umringt von seinen Tieren.

DIE GRETCHENFRAGE

Die fünf großen Weltreligionen Buddhismus, Hinduismus, Islam, Judentum und Christentum haben ganz unterschiedliche Ansichten zum Verhältnis von Mensch und Tier. In ihren Schriften halten sie fest, wie beide zueinander stehen. Allerdings ist das eine die Theorie, das andere die gelebte Praxis, die manchmal erheblich von den Regeln abweicht:

→ Im Judentum steht der Mensch zwar über den Tieren, aber er ist verpflichtet, sie mit Respekt zu behandeln. Es gibt Tierschutzgesetze, etwa das Recht von Tieren auf Ruhe am Schabbat oder das Verbot, Hundeohren zu kupieren. Hunde sollen jedoch nicht im Haus gehalten werden, da sie als unrein gelten.

→ Auch im Islam werden Hunde als unrein angesehen und dürfen keine menschliche Wohnung betreten. Allerdings trifft das nicht auf alle Hunde zu. Die Windhunde der Beduinen, die Salukis, gelten als reine Tiere, mehr noch: Sie sind kostbar und ein Geschenk Allahs (siehe auch S. 104). Der Tierschutz hat ebenfalls einen hohen Stellenwert im Islam und am Jüngsten Tag werden nicht nur die Menschen, sondern auch die Tiere wieder auferstehen.

→ Ganz anders dagegen im Christentum, der mitgliederstärksten aller fünf Religionen. Sie ist von allen die tierfeindlichste. In der Bibel findet sich kaum ein Wort zum Schutz von Tieren. Im Christentum haben sie keine Seele und kommen nicht in den Himmel, sondern sind allein für den Gebrauch des Menschen da.

→ Im Buddhismus hingegen gilt der Mensch nicht als Krone der Schöpfung, sondern als fühlendes Wesen unter anderen fühlenden Wesen. Tiere und Menschen haben ein Karma, unterliegen demselben Rad des Schicksals und werden wiedergeboren.

→ Auch der Hinduismus betrachtet Mensch und Tier als göttliche Geschöpfe, die beide eine Seele besitzen. Wer ein Tier quält, bezahlt dafür mit einem schlechten Karma. Manche Tiere sind den Hindus heilig, etwa Elefanten und Kühe.

KEIN FREUND, KEIN FREMDER

Was Dingos sind, weiß man bis heute nicht. Vielleicht waren sie einmal Haushunde, die in die Wildnis zurückgekehrt sind, vielleicht sind sie niemals ganz zu Hunden geworden. Wer sie trifft, stößt auf ein Wildtier, das den Pfad der Domestikation wieder verlassen hat.

Auf den ersten Blick sind Dingos von Haushunden schwer zu unterscheiden.

Stellen Sie sich vor, Sie sind im australischen Outback, in einer der wilden, einsamen Gegenden des Kontinents. Mit ein paar Freunden unternehmen Sie eine Wanderung. Die Sonne brennt, die Lufttemperatur erreicht fast 40 Grad Celsius. Nach einer Stunde läuft Ihnen der Schweiß in Strömen über den Körper, Ihr T-Shirt ist nass – nicht nur unter den Trägern des Rucksacks. Sie wollen nur noch ein paar Tiere sehen, bevor sie zum Auto zurückkehren und die Klimaanlage anschalten können. Vielleicht treffen Sie auf Kängurus oder auf einen Koala. Dann steht unerwartet, kurz vor dem Parkplatz, etwas anderes vor Ihnen. Ein hundeartiges Tier, groß wie ein Schäferhund, nur zierlicher. Mit Stehohren und einem sandfarbenen Fell. Sie wissen, dass Dingos so aussehen. Könnte das einer sein? Und falls ja: Was würden Sie tun?

Könnte das ein Dingo sein?
Eine Begegnung bei Sonnenaufgang an meinem ersten Tag auf K'gari.

Wer nach Australien reist, rechnet mit gefährlichen Tieren. Denkt an Schlangen, Spinnen, Krokodile. Aber nicht an etwas, das aussieht wie der Hund des Nachbarn zu Hause. Das sich verhält wie die Streuner, die man aus anderen Ländern kennt und vielleicht im Urlaub ein wenig mit Futter versorgt hat. Gut möglich, dass Sie jetzt einen Fehler machen: Sie knien sich hin, kramen in Ihrem Rucksack nach Essbarem und versuchen, den Dingo zu sich zu locken. Keine gute Idee, weder für Sie noch für ihn. Diese Begegnung ist riskant.

Dingos haben nichts mit den Hunden zu tun, wie wir sie kennen. Sie sind Wildtiere, vielleicht die Abkömmlinge ehemaliger Haushunde. Vor Jahrtausenden, lautet eine Theorie, haben sie den Pfad der Domestikation verlassen und sind in die Wildnis zurückgekehrt. Eine andere Theorie geht davon aus, dass Dingos gar nicht von Haushunden, sondern von deren Vorläufern abstammen und nie etwas anderes waren als Wildtiere. Diese zweite Annahme wird von einer neuen Studie gestützt, scheint also die wahrscheinlichere zu sein, zumindest im Moment. Die unklare Forschungslage zeigt sich auch in den wissenschaftlichen Namen, die den Dingo zu fassen versuchen. Manchmal wird er als eigene Art in der Hundefamilie geführt, unter dem Namen Canis dingo. Manchmal aber auch als Unterart, als Canis lupus dingo oder als Canis familiaris dingo. Doch wie auch immer man ihn nennt: Dieses Tier lebt unabhängig von Menschen und hat nichts von der Zutraulichkeit, die wir mit einem Hund verbinden. Ein Dingo ist ein Beutegreifer und hält sich nur in unserer Nähe auf, wenn er nach Essensresten sucht.

Es kann also sein, dass Ihre Begegnung nicht friedlich verläuft. Während Sie auf dem Boden sitzen und den Rucksack durchwühlen, besteht die Gefahr, dass der Dingo auf Sie zuläuft und dann zum Angriff übergeht. Es ist zwar sehr unwahrscheinlich, denn für ihn sind Sie das größere Raubtier, mit dem man sich besser nicht anlegt, aber ausgeschlossen ist eine Attacke nicht. In Australien kommt es immer wieder zu Konflikten, vor allem wenn Kinder beteiligt sind. Im Jahr 2019 ereigneten sich auf K'gari, einer Ferieninsel an der Ostküste Australiens, gleich drei Angriffe auf Kinder innerhalb weniger Monate. Ein schlafendes Baby wurde nachts von einem Dingo aus einem Camper gezerrt, erlitt schwere Kopf- und Halsverletzungen – der Vater rettete es im letzten Moment.

GEFÄHRLICHE NÄHE

Genau dort auf K'gari befinde ich mich, als ich meinen ersten Dingo treffe. Diese größte Sandinsel der Welt hieß früher Fraser Island und liegt wie eine dünne Sichel im Korallenmeer, etwa 15 Kilometer breit, dafür mehr als 120 Kilometer lang. Trotz des sandigen Untergrunds wuchert hier eine überbordende tropische Vielfalt. Es gibt Regenwälder, Mangrovensümpfe und Dünenseen, kristallklar bis zum Grund, sodass die Ureinwohner die Insel »K'gari« tauften, »Paradies«. Auch für die Dingos haben sie einen eigenen Namen: »Wongari«. Und so einen Wongari nehme ich jetzt aus dem Augenwinkel wahr, zunächst nur als rasche Bewegung. Dann drehe ich vorsichtig meinen Kopf in seine Richtung.

Ich sitze im Schneidersitz am Strand von Happy Valley, gerade ist die Sonne aufgegangen. So früh am Morgen ist die Luft noch frisch. Es gibt kaum Brandung, die Wellen verebben leise im Sand. In 300 Metern Entfernung befindet sich mein Campingplatz. Ich habe mir gewünscht, Dingos auf meiner Australienreise zu sehen, am besten aus nächster Nähe, aber mir vorgestellt, dass ich dabei im Auto sitze. Nicht allein am Strand ohne irgendeinen Gegenstand, um mich zu verteidigen. Der Dingo streicht an den Mülltonnen entlang, die außerhalb des Campingplatzes stehen. Nun ändert er seine Richtung. Läuft auf mich zu.

Den Autos der Touristen zu folgen
bietet die Möglichkeit, Essbares zu finden.

Er ist ein mageres Tier, hat einen runden Kopf und weit abstehende Ohren. Er scheint noch jung zu sein. Ich fühle mich ein wenig unbehaglich, empfinde aber keine Angst. Bislang habe ich die Erfahrung gemacht, dass Wildtiere einen in Ruhe lassen, wenn man sie nicht belästigt. Aber dieser Dingo steuert direkt auf mich zu. Kann es sein, dass er mich nicht gesehen hat?

Er ist so dürr, dass ich die Rippen einzeln zählen kann. Sein Fell an der Brust und an den Innenseiten der Beine hat die Farbe von hellem Sand, auf dem Rücken zeichnet sich eine Art Sattel aus dunkleren Haaren ab. Ich versuche, seine Körpersprache zu lesen: Bislang ignoriert er mich völlig. Er ist langsam unterwegs, schlendert über den Strand. Ich sehe keine aufgestellten Haare, keine durchgedrückten Beine, nichts, was auf einen nahenden Angriff hindeutet. Und so atme ich langsam ein und aus, bleibe sitzen, nehme die Kamera zur Hand und beobachte, was er tut.

Ein Haushund kann es nicht sein, Hunde sind auf K'gari verboten. Zum einen aus Gründen des Naturschutzes, zum anderen, damit sie sich nicht mit Dingos paaren. Deshalb gelten die Dingos hier als die genetisch reinsten, die es gibt. Sie leben isoliert von anderen Populationen und vermischen sich nicht mit Hunden, wie es auf dem Festland geschieht. Auf K'gari leben im Moment fast 30 Rudel von je drei bis zwölf Tieren.

Doch je beliebter die Insel als Urlaubsparadies wird, desto mehr Probleme entstehen. Mittlerweile gibt es hier fast 400.000 Übernachtungen pro Jahr, nicht nur auf den Campingplätzen, wie es vorgeschrieben ist, sondern auch außerhalb. Touristen verstreuen in der Wildnis ihre Essensreste, hinterlassen Müll und locken damit die Dingos an. Die Tiere patrouillieren in

Regelmäßig patrouillieren die Dingos am Strand entlang.

der Nacht und suchen manchmal gezielt nach Campern, die Kühlboxen und Abfall vor ihren Zelten lagern. So verlieren die Dingos von K'gari allmählich ihre Scheu, was nicht nur die Menschen gefährdet, sondern auch die Tiere selbst.

Die Regierung setzt alles daran, den direkten Kontakt zwischen Dingos und Menschen zu vermeiden. Viele Möglichkeiten hat sie allerdings nicht. Siedlungen und Campingplätze werden eingezäunt und wer die Tiere füttert, muss mit drakonisch hohen Geldstrafen rechnen. Aber gegen Instagrammer, die Dingowelpen einfangen, um sie in die Kamera zu halten, hilft noch nicht einmal das. So werden Flyer verteilt und Aufklärungskampagnen gestartet. Vor allem die Fütterung soll unterbunden werden, die als Ursache aller Probleme gilt. Doch wie will man verhindern, dass Touristen die Tiere füttern, weil die so dünn sind?

Linda Behrendorff, eine ortsansässige Biologin, hat in einer Studie das Gewicht der Inseldingos analysiert und herausgefunden, dass sie im Durchschnitt sogar kräftiger sind als die Artgenossen vom Festland. Das Nahrungsspektrum ist äußerst vielfältig und besteht aus Obst, Reptilien, Vögeln, Fischen und kleinen Säugetieren. Sogar Wallabys sind darunter, die im Rudel erbeutet werden. Hinzu kommen die Essensreste, die Dingos auf ihren Streifzügen finden.

Oben: Eine am Strand gefundene Saftpackung weckt lebhaftes Interesse. **Rechts:** Jeder Dingo auf K'gari trägt eine individuelle Ohrmarke.

DIE GRÖSSTE GEFAHR IST DER MENSCH

In der Ferne höre ich das Brummen von Motoren. Eine Kolonne aus vier Geländewagen taucht auf, Tagestouristen vom Festland. Auch der Dingo hat die Fahrzeuge bemerkt, verharrt an Ort und Stelle und blickt der Kolonne entgegen. Die Autos bremsen ab und fahren einen kleinen Bogen um das Tier, das jetzt in der Mitte steht und von allen Seiten beäugt wird. Aus den Fenstern beugen sich Männer und Frauen, fotografieren es mit ihren Handys. Dann drehen die Motoren wieder auf, die Kolonne beschleunigt und fährt weiter. Zurück bleibt eine Getränkepackung, vermutlich aus einem der Wagenfenster geworfen. Der Dingo macht zwei kurze Sätze, packt das Ding und zerfetzt es mit seiner Schnauze.

Mittlerweile ist er so nah bei mir, dass ich seine Marke sehen kann, die in der linken Ohrmuschel steckt. Alle Dingos auf K'gari sind registriert, damit man sie identifizieren kann, sollten sie Probleme machen. Ein Tier, das sich zu sehr an die Fütterung durch Menschen gewöhnt hat, das sich aufdringlich oder aggressiv verhält, wird eingeschläfert. Doch die Tötung auffälliger Dingos löst keine Probleme, sondern schafft im Gegenteil neue. Das meint zumindest die Organisation »Save Fraser Island Dingoes – K'gari Wongari« und beruft sich auf eine Untersuchung aus dem Jahr 2017, die zeigt, dass Einschläfern die sozialen Rudelstrukturen zerstört und einen Teufelskreis in Gang setzt. Die Tiere bringen mehr Junge zur Welt. Dadurch werden Nahrungskämpfe heftiger, was wiederum Dingos stärker in die Nähe von Menschen treibt. Das Resultat: noch mehr Konflikte, noch mehr Tötungen.

»Mein« Dingo ist nur noch wenige Schritte entfernt. Noch immer nimmt er keine Notiz von mir, sein Blick ist auf den Boden gerichtet. Erst als ich vorsichtshalber aufstehe, hebt er den Kopf und blickt mich an. Seine Augen sind honigfarben und mandelförmig, umrandet von einer Linie, wie mit Kajal gezogen. Er mustert mich nur kurz. Sein Körper versteift sich nicht. Sein Blick wird nicht starr. Ich scheine für ihn nicht bedrohlich zu sein – aber auch nicht interessant. Er riecht, dass ich nichts zu essen habe. Seine Augen wandern zurück zum Boden. Suchen ihn ab nach etwas, das er brauchen kann. Nur zwei oder drei Armlängen trennen uns voneinander. Doch der Dingo verhält sich, als sei ich bereits verschwunden.

Ein Haushund wäre zu mir gekommen, hätte mich genauer untersucht oder auf irgendeine andere Art signalisiert, dass er mich wahrnimmt. Selbst ein Hund, der Angst vor Menschen hat und sie meidet, drückt mit seinem Körper aus, dass er sie sieht. Er duckt sich, knurrt, fletscht die Zähne. Dieser Dingo tut nichts nichts davon. Doch sein Verhalten öffnet ein Fenster in die Vergangenheit. Ich bekomme eine Ahnung davon, wie es einmal gewesen sein muss, als Mensch und Hunde-Vorfahr noch keine Freunde waren. Als die Fremdheit und das Misstrauen überwogen, der eine den anderen noch nicht brauchte. Dieser Dingo mag aussehen wie ein Hund, aber er ist weit davon entfernt, einer zu sein. Wild wie der Wolf ist er aber auch nicht mehr, dafür hat er seine Pfoten schon zu weit auf den Pfad der Domestikation gesetzt. Er ist ein Wildtier im Hundepelz, halb Freund, halb Fremder. Ich sehe ihm nach, wie er davontrabt, den Strand entlangläuft, manchmal im Wasser weiterwandert und dann aus meinem Blickfeld verschwindet.

Vor kurzem habe ich ihn dann doch wiederentdeckt. Auf einer Liste von auffälligen Dingos, die getötet wurden, weil sie Menschen zu nah kamen. Oder vielmehr: die Menschen ihnen.

DIE DINGOS DER TRAUMZEIT

Die Kultur der Aborigines wird von der Traumzeit bestimmt. Das war die Zeit, bevor der Mensch auf die Welt kam und die Ahnen über das Land streiften, um Berge, Felsen, Bäume und Flüsse zu erschaffen. In den Mythen der Aborigines war der Dingo ein übernatürliches Wesen an der Grenze zwischen Tier und Mensch. Seinen Ursprung hatte er in einem menschlichen Geschwisterpaar, das von seinem Vater misshandelt wurde und ihm davonlief. Auf seiner Reise durch den australischen Busch verwandelten sich der Junge und das Mädchen zunächst in zwei Dingos. Dann wuchsen ihnen übernatürliche Kräfte zu, sie wurden zu Gottheiten, die Landschaften formten und Wasserstellen erschufen. Sie brachten sowohl menschliche Kinder als auch Dingowelpen zur Welt, von denen sich manche in Felsen verwandelten.

Eine andere Traumzeitgeschichte erzählt von zwei Dingomännern, die durch die Wüste wanderten. Auf der Suche nach Wasser trennten sie sich. Während der eine vergeblich im Sand grub, entdeckte der andere eine sprudelnde Quelle. Als zwei menschliche Jäger des Wegs kamen, schenkten die Dingos ihnen die Quelle. Zum Dank bestimmten die Jäger, dass Menschen niemals Dingowelpen und Dingomütter jagen dürfen, damit der Bestand der Tiere für immer gesichert sei. Dass die Menschen sich daran nicht hielten, ist wieder eine andere Geschichte.

SEEHUNDE IM LÖWENPELZ

Der Portugiesische Wasserhund war einst ein unentbehrlicher Helfer der Fischer. Er bekam sogar einen Lohn, ausgezahlt in Fischen. Dann verlor er seinen Job. Über eine Rasse, die beinahe ausgestorben wäre – bis Bo kam, der Hund von Barack Obama.

Salta!« »Springt!« Zwei schwarze Leiber fliegen durch die Luft. Es macht Platsch und gleich noch einmal Platsch. Sekunden später tauchen Brisa und Flôr aus dem Wasser auf, blicken sich suchend um, entdecken das Spielzeug, das auf den Wellen treibt, und paddeln drauflos. Ich stehe an der Reling und habe jetzt irgendwas fotografiert, eine halbe Rute am Bildrand, eine verwischte Flanke, nur nicht das, was ich wollte: zwei Portugiesische Wasserhunde im Sprung.

Oben: Carla spielt mit zwei ihrer insgesamt acht Portugiesischen Wasserhunde. Bei dem schönen Wetter stört es auch nicht, dass sie nass sind.

Carla Peralta muss lachen. »Kein Problem«, sagt sie. »Wir machen das einfach noch mal.« Sie und ich stehen im Bug eines Fischerboots im Hafen von Olhão. Es ist ein sonniger Nachmittag. Obwohl Olhão eigentlich ein geschäftiger Ort ist – immerhin der größte Hafen an der Südküste Portugals –, liegt zu dieser Stunde eine träge Ruhe über dem Wasser und dem Kai. Oder besser gesagt: lag. Denn seit wir den Zweimaster namens »Bom Successo« betreten haben, ist es mit der Siesta vorbei, zumindest an Bord. Carlas Hündin Brisa da Ria Formosa und ihr Rüde Flôr do Mar das Águas Algarvias sind zwei Portugiesische Wasserhunde mit einem Auftrag aus uralten Zeiten: Hol aus dem Meer, was hineingefallen ist.

Ich soll das Ganze in Bildern festhalten. Soweit die Theorie. Praktisch läuft gerade alles aus dem Ruder.

1 – Sprung zum Dummy.

2 – Relikt aus dem 13. Jahrhundert: die Löwenschur.

3 – Die Hunde sind hervorragende Schwimmer.

4 – Ihre Rute nutzen Porties zum Steuern.

5 – Warten auf den nächsten Wurf.

Die Hunde setzen schon wieder über die Bretter zwischen Kai und Reling, stürmen aufs Boot, schütteln sich das Wasser aus dem Pelz. Die Tropfen fliegen meterweit, auch auf die Linse meiner Kamera. Carla nimmt das Dummy aus Brisas Maul, das Spielzeug, das die Hündin soeben aus dem Wasser gefischt hat, weil sie eine Schnauzenlänge schneller war als Flôr. Die Krallen der beiden klackern auf den Schiffsplanken. Ruten fahren durch die Luft wie Malerpinsel, verspritzen ringsum Meerwasser. Vor Nässe triefend drängen sich die Hunde um uns, starren auf das Spielzeug in Carlas Hand. »Wirf doch, wirf doch!«, lese ich in ihrem Blick. Dabei sind sie keine Jungtiere mehr: Flôr ist sechs und Brisa neun Jahre alt. Da muss erst mal Ruhe rein. »Sica«, sagt Carla. »Setzt euch hin.«

NOCH VOR 50 JAHREN DIE SELTENSTE RASSE DER WELT

Carla Peralta mag eine kleingewachsene Frau sein, doch ihr Name hat Gewicht. Noch bis vor Kurzem war sie in Portugal eine der renommiertesten Züchterinnen des Cão de Água Português, wie der Wasserhund korrekt heißt. Ihr Leben kreiste um ihn – und um die Frage, wie sich sein Niedergang aufhalten ließe. Das kann sich heute kaum noch jemand vorstellen. Man muss ja nur »Bo« sagen und sofort haben die Leute einen schwarzgelockten Hund vor Augen mit dem Aussehen eines Pudels: der First Dog des früheren US-Präsidenten Barack Obama. Der berühmteste »Portie« aller Zeiten.

Doch Bo trat erst 2009 ins Rampenlicht. In all den Jahrzehnten davor versank der Portugiesische Wasserhund immer tiefer in der Bedeutungslosigkeit. In den 1970er-Jahren landete er sogar im Guinness-Buch der Rekorde – als seltenste Hunderasse der Welt. Offiziell lebten damals noch 15 Tiere, was aber vermutlich nicht stimmt. Auf den Booten der Fischer muss es noch ein paar mehr gegeben haben, sie waren nur nirgendwo registriert. Doch ob noch 15 oder 200 von ihnen existierten, spielt keine Rolle. Die Rasse drohte zu verschwinden, unwiderruflich.

Dabei gehörten Porties jahrhundertelang zur Besatzung auf den Booten der Fischer. Ihre Heuer bekamen sie in Fisch ausgezahlt, sie hatten ein Anrecht auf einen Teil des Fangs. Wie Hilfsmatrosen konnte man sie vielfältig einsetzen. Wurden die Netze eingeholt, waren sie zur Stelle: Sie schwammen im Wasser, um die Fische daran zu hindern, wieder freizukommen. Außerdem brachten sie alles zurück, was über Bord gegangen war: lose Taue, abgerissene Teile von Netzen, Anglergerät, Fischermützen. Manchmal vielleicht auch den ganzen Fischer.

1

2

3

4

5

Ob es schon ins Reich der Fabel gehört, dass sie auch Schiffbrüchige retteten, lässt sich nicht mehr nachprüfen. Doch viel vom legendären Ruf der Porties gründet sich auf Anglerlatein. Etwa, dass sie nach Fischen tauchten. Dass sie sogar weit ins Meer hinausschwammen, um selbstständig Schwärme auszumachen, die sie dann in die Netze trieben. Oder dass sie als Nachrichtenkuriere zwischen den Booten hin- und herpaddelten. Verbürgt ist immerhin, dass sie im 16. Jahrhundert an Bord der spanischen Armada waren und hinübersegelten in die Neue Welt. Dort hinterließen sie ihre genetischen Spuren in einer anderen Hunderasse, die ebenfalls verrückt nach Wasser ist und wie ein Portie Schwimmhäute zwischen den Zehen hat: dem Neufundländer, doppelt so breit und massig wie sein Urahn.

HISTORISCHE ARBEITSKLEIDUNG: DIE LÖWENSCHUR

»Sica!« hat gewirkt. Brisa und Flôr sitzen hoch aufgerichtet da und rühren keinen Muskel. Alles an ihnen scheint wie aus der Zeit gefallen. Sie tragen schwarzgelockte Löwenmähnen, die vom Kopf über die Schultern bis zur Körpermitte reichen. Ab da sind sie quasi nackt. Der untere Rücken, das Hinterteil und die Hinterbeine wurden geschoren, nur an der Rutenspitze sitzt eine Quaste aus lockigem Fell. Diese sogenannte Löwenschur ist so etwas wie die historische Arbeitskleidung der Porties. Zum ersten Mal wird sie im 13. Jahrhundert erwähnt. Die dichte Mähne schützt Herz, Lunge und Nieren vor Auskühlung, die freigelegten Hinterbeine erleichtern das Schwimmen, die geschorene Rute mit der Quaste kann als Ruder eingesetzt werden und ihren Träger auf Kurs halten.

Oben: Bei der typischen Löwenschur wird das Fell an der Rutenspitze lang gelassen.
Rechts: Das gelbe Dummy gehört zum Apportiertraining.

Doch als auch in Portugal die Fischerei immer stärker industrialisiert wurde, war all das wertlos. Erst verloren die Wasserhunde ihre Arbeit. Dann ging es mit der Rasse abwärts, bis sie kurz vor dem Aussterben

Die Liebe zum Wasser müssen auch Portugiesische Wasserhunde manchmal erst lernen.
Am einfachsten verliert sich die Scheu beim Toben mit anderen.

Eine alte Rasse zwischen historischen Mauern.

stand. Nur eine Handvoll Liebhaber züchtete sie weiter, unbemerkt von der Öffentlichkeit und dankbar für jedes einzelne Tier, das noch da war.

Carla Peralta hatte Anfang 2000 noch niemals vom Cão de Água Português gehört. Dabei liebte sie Hunde, besaß einen Mischling und einen Rottweiler. Erst als sie mit ihrer Familie von Lissabon an die Algarve zog, stieß sie auf ihre ersten Porties. Ihr Mann hatte eine Arbeitsstelle im Nationalpark Rio Formosa angenommen, in dem sich eine kleine Zuchtstätte von Portugiesischen Wasserhunden befand. Peralta, die von Beruf eigentlich Computerspezialistin war, verbrachte mehr und mehr Zeit bei den Hunden, fasziniert von ihrer Intelligenz, ihrem Arbeitseifer, ihrer Geschichte. Anfangs half sie nur in der Zuchtstätte aus, fütterte die Tiere, führte Besucher durch die Anlage. Allmählich jedoch wuchs ihr Wissensschatz. Sie begann, Vorträge über die Porties zu halten, wurde zur anerkannten Expertin.

Bis der Tag kam, an dem die Regierung beschloss, die Zucht im Nationalpark zu schließen. Was würde aus den acht Hunden werden? Das fragte sie sich auf dem Nachhauseweg. Abends fragte sie dasselbe ihren Mann. Der zeigte eine erstaunliche Reaktion. »Er hat gelacht«, erzählt Peralta an diesem Nachmittag auf dem Zweimaster. »Dann hat er gesagt: ›Macht es einen Unterschied, ob wir zwei Hunde haben oder zehn?‹« Kurze Zeit später zog das gesamte ehemals staatliche Wasserhunderudel zu den Peraltas nach Hause. Die Zuchtstätte bekam einen neuen Namen, Canil Águas Algarvias, und Carla hatte ab sofort rund um die Uhr zu tun.

HYPE UM DEN OBAMA-HUND

Schon der erste Wurf geriet zur emotionalen Achterbahnfahrt. Peralta war eine unerfahrene Züchterin und die Junghündin hatte noch niemals geworfen. Wie viel bei einer Geburt schiefgehen kann, durchlebte Peralta in Gedanken jede Nacht vor dem Stichtag. Was, wenn ein Welpe steckenbliebe? Wenn es der Hündin schlecht ginge und sie ihr nicht helfen könnte, der Tierarzt nicht rechtzeitig käme? Was, wenn es Totgeburten gäbe?

An einem ruhigen Abend setzten bei der Hündin die Wehen ein. Gegen zehn Uhr brachte sie ihren ersten Welpen zur Welt, um fünf Uhr morgens den letzten. Die Geburt verlief leicht und ohne Komplikationen. Die Sonne schien schon ins Zimmer, als in der Wurfkiste acht neugeborene Porties lagen, rabenschwarz und winzig wie Meerschweinchen. In nur einer Nacht hatte sich Peraltas Rudel verdoppelt.

Dass es die Zuchtstätte heute nicht mehr gibt, hat letztlich auch mit Bo zu tun. Oder besser gesagt, mit dem Hype, den er ausgelöst hat. Plötzlich wollte jeder einen »Obama-Hund« haben, egal, ob das Tier in seinen Haushalt passte oder nicht. Zuerst verkaufte Peralta ihre Welpen nicht mehr, sondern gab sie nur an handverlesene Menschen ab, inzwischen hat sie aufgehört zu züchten. Jahrelang hatte sie sich mehr Aufmerksamkeit für die Rasse gewünscht, mehr Wertschätzung. Aber nicht diesen Boom mit all seinen Folgen. »Das war Wahnsinn«, sagt sie. »So viele Leute riefen an, wollten mir die Welpen aus der Hand reißen.« Dabei wusste sie genau, was passiert, wenn die erste Modewelle vorbeigeschwappt ist. Dann

sitzen die Leute da mit ihren Porties und werden ihnen nicht gerecht. Geben sie nach einer Weile wieder ab, weil ein unterbeschäftigter Wasserhund verhaltensauffällig werden kann und zum Beispiel die Wohnung auseinandernimmt.

»Was braucht denn ein solcher Hund, Carla?« »Nicht unbedingt Wasser«, sagt sie zu meinem Erstaunen. »Ich kenne eine Menge Porties, die überhaupt nicht wasserverrückt sind.« Worauf die Hunde allerdings nicht verzichten können, sind Aufmerksamkeit und dass ihr Mensch etwas mit ihnen unternimmt, egal ob es sich dabei um Agility handelt oder um eine andere Hundesportart. Da sie so intelligent sind, brauchen sie einen Denksport, dazu körperliche Auslastung und das Gefühl, dass ihr Mensch sich um sie kümmert. »Quality time«, sagt Carla Peralta: »Das ist das Wichtigste. Wie bei einem Kind.«

Und wie bei Kindern kommt irgendwann die Geduld an ihr Ende. Brisa und Flôr haben ausdauernd gewartet. Jetzt werden sie unruhig. »Warten ist der härteste Teil ihres Jobs«, sagt Peralta und lässt ihre Hunde nicht aus den Augen. Wenn ein Portie in einem Wassersport-Wettbewerb versagt, dann genau deshalb: Ungeduld. »Bist du bereit?«, fragt sie mich. »Du musst schnell sein, langsam können sie nicht.«

Ich stehe im Bug, halte breitbeinig die Balance. Die Hunde kauern angespannt auf ihren Hinterläufen. Carla wirft das Dummy in hohem Bogen über die Reling. Wir hören, wie es im Wasser aufschlägt. Noch immer fällt kein Startsignal. Das Boot schwankt leicht, eine Brise trägt den Salzgeruch aufs Schiff, verfängt sich in Carlas Haaren, weht ihr Strähnen ins Gesicht. Flôrs Kopf zuckt nach vorn, fast hätte es einen Fehlstart gegeben.

»Salta!«, ruft Carla endlich. »Springt!« Mit einem riesigen Satz heben zwei Hunde vom Boden ab, fast simultan. Ihre Sprungkraft trägt sie weit hinaus. Sie fliegen über die Bordkante, setzen nur einmal kurz mit den Pfoten auf. Einen schwerelosen Moment lang sehen sie aus wie Luftwesen, schwarze Fabeltiere im hellen Blau des Himmels. Ich habe alle Zeit der Welt, auf den Auslöser zu drücken, bevor es Platsch macht.

WATER TRIALS: DIE IDEALE SPORTART FÜR PORTIES

Carla Peraltas persönliche Leidenschaft sind Water Trials, eine Sportart, die in Portugal seit 2010 immer beliebter wird. Sie ahmt die frühere Arbeit des Cão de Água Português auf den Fischerbooten nach und besteht aus mehreren Übungen, darunter Schwimmen, Apportieren und Tauchen.

Es gibt verschiedene Schwierigkeitsstufen, wobei die Übungen mit zunehmender Erfahrung der Hunde immer anspruchsvoller werden. Eine der Übungen des ersten Schwierigkeitsgrads sieht zum Beispiel so aus, dass der Hund mit seinem Halter vom Land aus startet und beide nebeneinander um zwei Bojen herumschwimmen. Dabei sollen Hund und Mensch die ganze Zeit auf gleicher Höhe bleiben. Bei einer etwas anspruchsvolleren Tauchübung holt der Hund einen Gegenstand vom See- oder Meeresgrund. Dazu muss er mit dem ganzen Körper eintauchen und unter Wasser sein.

Bei den Apportierübungen geht es darum, schwimmend Gegenstände von einem Boot zum anderen zu bringen oder Netzattrappen aus dem Wasser zu holen.

DER BÄRENJÄGER VON HOKKAIDO

Auf Japans nördlichster Insel lebt eine ursprüngliche Hunderasse, der Hokkaido. Sein früherer Beruf war die Bärenjagd, entsprechend furchtlos mussten die Tiere sein. Wer heute mit ihnen leben will, braucht ungewöhnliche Ideen. Denn leicht wird es nicht …

Shigeru Niho ist Bauer
und züchtet Hokkaidos.

Hokkaidos sind Bärenjäger. Erschaffen, um das größte Landraubtier der Erde zu stellen, selbst wenn ein einziger Hieb der Pranke ihnen das Genick brechen könnte. Ein solcher Hund muss besondere Fähigkeiten haben, um seinen Dienst zu tun. Gehorchen gehört nicht dazu. Jedenfalls nicht zuverlässig. Der Hund des Bauern Shigeru Niho ist so ein Bärenjäger, ein Hokkaido, den gerade die Unternehmungslust gepackt hat. Die Gelegenheit ist günstig, also trollt sich der Rüde mit dem Kuschelpelz jetzt vom Hof. In einem solchen Tempo, dass es aussichtslos ist, ihm nachzulaufen.

Hokkaidos sind schnell und ausdauernd. Um seine Hunde auszulasten, lässt Shigeru Niho sie manchmal am Auto entlang seiner Felder mitlaufen.

Es ist Frühling auf Japans nördlichster Insel, die denselben Namen trägt wie die Hunderasse. Aber dieser Frühling fühlt sich wie Winter an, teilweise liegt hier noch Schnee, obwohl in Tokio schon die Kirschbäume blühen. Seit ich auf Hokkaido bin, friere ich. Kein Wunder, dass Shigeru Nihos fünf Bärenjäger-Hunde so dicke Pelze haben, dass meine Faust darin versinkt. Sie werden nicht im Haus gehalten, sondern draußen in Zwingern. Hokkaidos lieben das Leben im Freien, sagt der Bauer. An Innenräumen haben sie kein Interesse. Auch nicht daran, auf einen Menschen zu hören, schließlich ist nur ein selbstständiger Hokkaido ein echter Vertreter seiner Rasse. Gemessen daran, kann Niho sich glücklich schätzen, dass sein Ausreißer dem Gast aus Deutschland zeigt, was in den Tieren steckt.

RÜCKRUF DER BESONDEREN ART

Nihos Hund jedenfalls hat den Hof bereits weit hinter sich gelassen. Das Tier hat eine Fährte in der Nase und denkt nicht daran, zurückzukommen. Nun steht der Bauer, ein Mann um die 60 mit schlohweißen Haaren, in der Mitte seines Hofs, wirft unvermittelt die Arme in die Luft, stößt einen Schrei aus und sackt zu Boden. Mir stockt der Atem. »Ein Herzanfall«, denke ich und renne zu ihm hin. Auch der Hund in der Ferne bemerkt den Aufruhr, hält inne und dreht sich um.

Als ich mich zu Niho hinunterknie, höre ich ihn kichern. Ich blicke in sein Gesicht und sehe, wie er grinst und mir zuzwinkert. Ich weiß nicht, was ich tun soll, und bleibe unschlüssig in der Hocke sitzen. Der Hokkaido lässt die Fährte Fährte sein und trabt zu uns zurück. Ist er neugierig? Oder hat er Angst um seinen Menschen? Seine Miene kann ich nicht lesen. Aber es ist mir nicht entgangen, dass er beim Zurückeilen mindestens so schnell war wie bei seiner Spritztour. Jetzt steht er neben Nihos Schulter, schnuppert an dem Mann, der reglos auf dem Boden liegt. Dann macht er einen weiteren Schritt nach vorn, stupst ihm die Schnauze ins Gesicht.

Mit einer raschen Bewegung wirft Niho sich herum, packt den Hund am Halsband und lacht. Dann setzt er sich auf. Er hält den Rüden fest, rangelt im Spiel ein bisschen mit ihm und steht vom Boden auf. Der Hokkaido ist zu verblüfft, um Widerstand zu leisten. So also fängt man einen Bärenjäger. Mit festem Griff führt Niho seinen Hund in den Zwinger zurück und schließt die Tür. Ende des Ausflugs.

Seit ich vor ein paar Tagen in Sapporo angekommen bin, in Hokkaidos Hauptstadt, habe ich eine Menge gelernt. Über eine ganz andere Hundehaltung, als ich sie gewohnt bin. Und über eine Rasse, die außerhalb ihrer Heimat extrem selten ist. Auch im Land selbst kennen nicht allzu viele den Hokkaido-Ken – Ken ist das japanische Wort für Hund –, obwohl er seit 1937 zu den Naturdenkmälern Japans gehört. Denn was diese Tiere brauchen, ist mit einem modernen Leben kaum noch in Einklang zu bringen. Schon in der Stadt zu wohnen verbietet sich. Die Rasse, die heult wie ein Wolf, braucht Natur und Weite, ihre Haltung ist hochgradig anspruchsvoll. Doch wer von den jungen Japanern zieht freiwillig in die Abgeschiedenheit, weg von den Metropolen? Daher haben die Hokkaidozüchter Nachwuchssorgen, wie ich auf einem ihrer Treffen nicht übersehen kann.

NOCH IMMER EIN BÄRENFEIND

Der Zuchtverband Hokkaido Ken Hozonkai hat am Stadtrand von Sapporo zur Ausstellung geladen. Glamourös geht es nicht zu. Die Liebhaber des Bärenjägers kommen in einer Vorortsiedlung zusammen, auf einem brachliegenden Gelände. Ein paar beigefarbene Zelte am Rand sorgen für Wetterschutz, ein Lagerfeuer hält die Kälte fern, wenn man sich dicht genug davorstellt. Um Äußerlichkeiten schert sich hier niemand. Von den Züchterinnen und Züchtern sind viele im fortgeschrittenen Alter, die meisten tragen Jogginganzüge und Outdoorjacken. Ihre Hokkaidos hingegen haben sie für diesen Tag hingebungsvoll gebürstet. Jetzt stehen schneeweiße und hellbraune Hunde mit Plüschpelzen – nur vereinzelt ist ein schwarzer darunter – aufgereiht auf dem Platz. Ihre

Halter haben sie an kurze Stahlstangen gekettet, die im Boden stecken. Mit vorsorglichem Sicherheitsabstand zu den Artgenossen, nicht alle sind untereinander verträglich. Bei meinem Rundgang sehe ich einige Hunde, die ihre Nasen kräuseln und den Nachbarn die Zähne zeigen.

Auch ich gehe zunächst auf Abstand, weil ich gelesen habe, dass Hokkaidos misstrauisch gegenüber Fremden sein sollen und nur ihren Haltern bedingungslos ergeben sind. Aber je länger ich herumwandere, desto mehr zutrauliche Tiere begegnen mir, die an mir hochspringen und sich streicheln lassen. Mit den Züchtern ins Gespräch zu kommen, habe ich bis auf Weiteres aufgegeben. Niemand spricht Englisch, ich kann kein Wort Japanisch. Deshalb haben meine Gastgeber einen Dolmetscher für mich bestellt. Doch bis er eintrifft, muss es beim Lächeln, Gestikulieren, Kopfneigen und wieder Lächeln bleiben. Kurzzeitig hatte ich es mit einer Übersetzungshilfe auf meinem Tablet versucht. Hatte darin Sätze eingegeben wie: »Seit wann züchten Sie Hunde?« Was auf Japanisch herauskam, weiß ich nicht. Aber die geweiteten Augen meiner Gesprächspartner und ihr Verstummen verhießen nichts Gutes. Also haben wir alle ein wenig hilflos gelächelt und mit den Händen gewedelt.

Während der Dolmetscher auf sich warten lässt und ich die Hunde der Aussteller fotografiere, gelange ich zu einer abgeschiedenen Ecke des Geländes. Erst begreife ich nicht, was dort steht. Dann sehe ich, dass es ein runder Käfig ist, in dem sich etwas Großes, Dunkles befindet. Im Näherkommen erkenne ich: Es ist ein Braunbär. Ich habe schon davon gehört, dass bei manchen Ausstellungen immer noch Bären zum Einsatz kommen und dass Junghunde an ihnen getestet werden. Manche Hokkaidozüchter wollen die Instinkte ihrer Tiere lebendig halten, selbst wenn nur noch wenige für die Bärenjagd eingesetzt werden. Sie ist auf der Insel weiterhin erlaubt, allerdings mit Einschränkungen. Während des Wettbewerbs führen die Halter ihre Junghunde angeleint zum Käfig. Ein guter Hokkaido soll nach vorn an die Gitterstäbe drängen und keine Angst zeigen. Die Richter bewerten dann, wie entschlossen er sich gezeigt hat und wie stark sein Jagdtrieb ist.

Immer wieder stoße ich bei meinen Reisen auf Dinge, die mir zusetzen – dieser Bär im Käfig gehört dazu. Er wurde auf der Laderampe eines LKW hierher gebracht. Doch ähnliche Szenen gibt es in vielen Ländern. Auch bei uns in Deutschland werden Jagdhunde an lebenden Tieren ausgebildet. Enten, in Gefangenschaft gezüchtet, dienen bei Prüfungen als Beute, sie werden freigelassen und abgeschossen. Füchse hocken in einem künstlichen Bau, damit Jagdhunde sie aufstöbern können. Nur durch ein Gitter sind sie von den Hunden getrennt, so wie dieser Bär.

Inzwischen ist der Wettbewerb um den schönsten Hund in vollem Gang. 60 Hunde sollen bewertet werden. Die Ausstellungsrichter tragen weiße Handschuhe, blättern in Listen und machen sich Notizen. Dann schauen sie den Hokkaidos ins Maul. Wie ist die Zahnstellung? Wie stark das Gebiss? Nicht jeder Hund macht das ohne Gegenwehr mit, es wird gedroht, gebrummt und mit dem Kopf geschlagen. Aber kein einziges Mal höre ich einen Hundehalter

Auf der Hundeausstellung gibt es einen Bären im Käfig. Hier sollen die Hunde ihre Jagdtauglichkeit beweisen, nicht alle sind so mutig wie dieser.

oder Richter laut werden. Oder auch nur ungeduldig. Wer zu seinem Hokkaido spricht, tut das in einem gleichbleibend sanften Ton, als müsse er ein heißblütiges Gemüt beruhigen. In diesen Tieren steckt noch immer das Erbgut ihrer Ahnen, es soll ein Tausende Jahre altes Vermächtnis sein. Durch die geografische Isolation der Insel blieb die Rasse genetisch ziemlich konstant. Als die Vorgängerhunde der Hokkaidos hier einwanderten, zusammen mit Nomadenvölkern aus den sibirischen Steppen, war gerade mal die Jungsteinzeit angebrochen (siehe Kasten Seite 103).

JAG DEN PICK-UP!

Was aber heißt das im praktischen Alltag, ein so uraltes Erbe zu bewahren? Die Tiere strotzen vor Kraft und Temperament und ihr Jagdtrieb ist meistens so

Zumindest die Ausstellungen laufen auf Hokkaido ab wie in Deutschland. Die Züchter führen ihre Hunde vor, die Richter schauen sie einzeln an, in der Zwischenzeit wird gewartet.

道犬保
104
札幌支部

道犬保
34
札幌文部

Links: Der Hokkaido Kamui ist erst ein Jahr alt, aber im Wettbewerb schon sehr erfolgreich. Kamui bedeutet in der Sprache der Ainu: »Der, der Gottes Macht vertritt.«

stark, dass man sie draußen kaum ableinen kann. Wie will man einen solchen Hund auslasten?

Manchmal auf ungewöhnliche Weise. Zurück aufs Land, zu Bauer Shigeru Niho, dessen Hof außerhalb von Sapporo liegt. Trotz der Nähe zur Großstadt ist dieser Landstrich dünn besiedelt. Für Nihos Hunde ist das ein Glücksfall. Warum, das sehe ich jetzt: Niho geht zu einem seiner Zwinger und lässt Himeka heraus, eine dreijährige Hündin. Dieses Tier will rennen, was das Zeug hält, mit einem Spaziergang wäre ihm nicht gedient.

Der Bauer lädt die Hündin in seinen Pick-up und fährt mit ihr aufs Feld. Weit und breit ist niemand zu sehen. Er lässt sie ins Freie springen, setzt sich wieder hinters

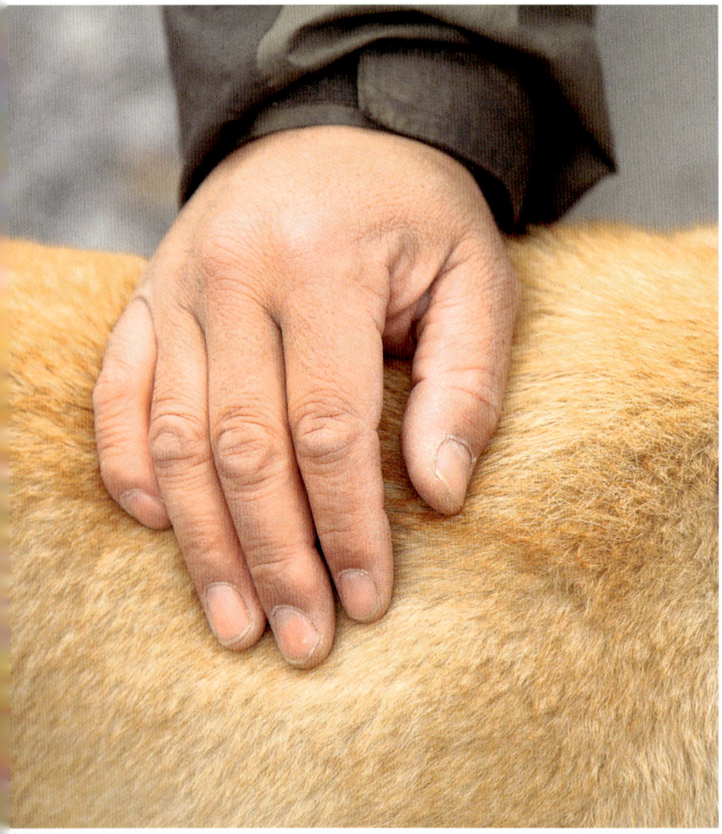

103

88

Steuer und gibt Gas. Himeka nimmt sofort die Verfolgung auf, sprintet in einem raumgreifenden Galopp neben dem Wagen her. Wir holpern über den Weg, ich muss mich an meinem Sitz festhalten, um nicht nach vorn gegen die Windschutzscheibe zu fallen. Von unten schlagen Steine gegen die Karosserie. Nach einigen Minuten wird Niho langsamer, bremst ab, kommt zum Stehen. Für Himeka soll es seine Pause geben, obwohl sie nicht so aussieht, als hätte sie eine nötig. Im Gegensatz zu mir. Ich bin heimlich dankbar, dass ich aussteigen kann, und schaue der Hündin zu, die sich im Gras wälzt. Noch halb auf dem Rücken liegend, hält sie plötzlich inne. Etwas muss ihr in die Nase gefahren zu sein.

Nicht schon wieder, denke ich. Doch da ist es schon zu spät, die Hündin wirft sich herum, springt auf, senkt ihre Schnauze zu Boden und spurt einer Fährte nach, als liefe sie auf Schienen. Niho ist nicht halb so aufgeregt wie ich. Er lächelt ein bisschen dünn und startet den Pick-up. Mit vier Fingern im Mund pfeift er einmal laut und gellend nach der Hündin, die gerade als hellroter Punkt in der Ferne verschwindet. Dann braust er los. Der Wagen donnert über den Feldweg, Niho und ich hopsen in unseren Sitzen auf und ab. Im Rückspiegel sehe ich Himeka, die sich rapide nähert. Sie hat ihre Richtung geändert und setzt uns nach, im gestreckten Galopp. Ihr Halter beschleunigt und trotzdem holt die Hündin mit jedem Sprung auf. Schon taucht sie hinter dem Wagen auf, mit ihren kräftigen fliegenden Läufen. Ein Bärenjäger in seinem Element, dankbar für die Hatz. Ich blicke Niho von der Seite an, seine Lachfältchen haben sich tief ins Gesicht gegraben. Er hält das Lenkrad mit festem Griff und sieht gerade sehr stolz aus.

DER HUND DER AHNEN

Der Hokkaido wird auch Ainu-Ken genannt, der Hund der Ainu. Diese Volksgruppe geht auf sibirische Migranten zurück, die in der sogenannten Jomon-Zeit nach Nordjapan einwanderten und die Insel Hokkaido besiedelten. Die ersten Wanderungsbewegungen von Südsibirien nach Japan sollen bereits vor rund 14.000 Jahren stattgefunden haben, im Übergang von Altsteinzeit (Paläolithikum) zu Jungsteinzeit (Neolithikum).

Heute gelten die Ainu als die Urbevölkerung von Hokkaido. In ihrer Kultur ist der Bär ein heiliges Tier, dem sie hölzerne Skulpturen schnitzten. Für sie war es kein Widerspruch, ihn sowohl zu verehren als auch zu jagen. Doch nur mithilfe mutiger Hunde war ein Beutezug gegen das große Raubtier überhaupt möglich. Daher verehrten die Ainu auch ihren vierbeinigen Helfer, den Ainu-Ken. Von ihm stammen die heutigen Hokkaidos ab.

Der Hokkaido-Stammbaum selbst geht auf mehrere Linien zurück, die alle nach Ainu-Dörfern benannt sind, etwa Biratori und Atsuma im Norden von Hokkaido. Die ursprünglichste ist die sogenannte Chitose-Linie, die meist schneeweiße Hunde mit kleinen Ohren hervorbringt. Die anderen Linien sind nicht mehr ursprünglich, sondern haben sich vermischt. Dennoch lassen sich heutige Hokkaidos noch immer ihren alten Linien zuordnen, vor allem anhand der Fellfarbe. So ist ein Tier mit gestromtem Pelz charakteristisch für die Atsuma-Linie. Wer mehr über Hokkaidos erfahren will: Der japanische Züchter Shigeru Kato ist ein ausgewiesener Experte der Rasse. Er betreibt einen Blog namens »The Nihon Ken Blog«.

DAS GESCHENK ALLAHS

Seit die Salukis im Emirat Abu Dhabi keine Wildtiere mehr jagen dürfen, brauchen sie einen Ausgleichssport. Das war der Startschuss für das erste Internationale Saluki-Rennfestival im Emirat. Ich war vor Ort und traf Menschen, für die diese Windhundrasse alles bedeutet.

Salukis zogen jahrtausendelang mit den Nomaden durch die Wüste.

Sie sitzen neben mir im Kreis und lachen. Einige aus vollem Hals, andere kichern mit der Hand vor dem Mund, wobei sie sich verstohlen die Tränen aus den Augenwinkeln wischen. Mein Gastgeber Hamad Al-Ghanem, der Saluki-Botschafter von Abu Dhabi, bemüht sich, Haltung zu bewahren. Er blickt mich freundlich an, aber um seine Mundwinkel herum zuckt es.

Sollen sie doch lachen. Ich greife wieder hinein in diese riesige Schale, die zwischen uns in der Mitte steht, gefüllt bis zum Rand mit Reis, Kamelfleisch und Joghurtsoße. Ich mache es genauso, wie sie es mir gezeigt haben: Nehme vier Finger meiner rechten Hand, fasse damit nach einer kleinen Masse Reis, und zwar dort, wo sich kein Fleisch befindet, weil ich Vegetarierin bin. Drücke den Reis fest zusammen und versuche, ihn zwischen meinen Fingern zu einem kleinen Ball zu rollen. Mit dem Daumen drücke ich ein Loch hinein, anschließend tunke ich das Ganze in die Joghurtsauce. Bis dahin klappt es immer ganz gut. Aber dann muss ich den Reisklumpen mit der Soße zum Mund führen, ohne dass mir alles über die Finger rinnt. Aussichtslos. Erneut suppt mir der Joghurt über die Hand, läuft den Unterarm entlang bis zum Ellbogen, tropft auf den Boden. Ich sehe aus wie ein Ferkel. Dass ich nicht mit den Händen essen kann, bringt meine sonst so ernsten Begleiter, Männer im

Hamad Al-Ghanem ist der Regierungsbeauftragte für Salukis. Er organisiert Rennen und Ausstellungen. Dies ist ein Welpe aus seiner Zucht.

gesetzten Alter, fast zum Platzen vor Heiterkeit. Aber in ihrem Gelächter liegt kein Spott, im Gegenteil.

Dass die Stimmung so gelöst ist, werte ich als gutes Zeichen. Denn eigentlich hätten alle Anwesenden reichlich Grund, nervös zu sein. In wenigen Stunden startet das erste internationale Saluki-Rennen von Abu Dhabi und diese Männer sind für sein Gelingen verantwortlich. Niemand kann vorhersagen, ob das »First Arab Heritage Saluki Race Festival« nicht noch krachend scheitert. Bei der Vorbereitung musste so einiges improvisiert werden. Bis gestern war noch nicht einmal klar, ob die 150 Salukis, die mit ihren Besitzern aus aller Welt eingeflogen sind, überhaupt starten dürfen.

Wir sind in Madinat al Zayed im Westen des Landes. Die Wüstenstadt ist das Zentrum des Kamelrennsports von Abu Dhabi. Hier finden um die Weihnachtszeit die großen Kamelrennen statt, denen das ganze Land entgegenfiebert. Doch diesmal sind zwei Tage für die Salukis reserviert, mitten in der Rennsaison. Wie Hamad Al-Ghanem, Organisator, Rennleiter und treibende Kraft des Ganzen, das geschafft hat, will er mir nicht verraten. Auch nicht, als er endlich grünes Licht für den Wettkampf bekommt, nur einen Tag vor dem Start.

DER BOTSCHAFTER DER SALUKIS

Hamad Al-Ghanem ist eine hoheitsvolle Erscheinung im traditionellen Gewand. Er leitet das staatliche Saluki-Zuchtprogramm von Abu Dhabi und ist der Regierungsbeauftragte für alles rund um die Windhunde. Wer sich für Salukis interessiert, kommt an ihm nicht vorbei. Er ist selbst Züchter, hält in aller Welt Vorträge über die Hunde, schreibt Kinderbücher über sie, kennt unzählige Gedichte, die von Salukis handeln und zieht nur ein einziges Mal in der ganzen Zeit meines Hierseins ein strengeres Gesicht, als ich ihn frage: »Wie geht das zusammen, die Liebe zu den Salukis und die Unreinheit von Hunden im Koran?« Da tritt eine Falte auf seine Stirn. Er blickt mich durchdringend an und zitiert einen Vers des arabischen Dichters Abu Nuwas: »Ein Saluki ist kein Hund. Er ist ein Geschenk Allahs. Zu unserem Nutzen und zu unserer Freude gegeben.« (Siehe Kasten Seite 115.)

Dann lächelt er wieder. Breitet die Arme aus, dreht sich in den Hüften und zeigt mit einer ausladenden Bewegung über das Renngelände, eine weite Ebene aus Sand und Staub. Deutet auf all die Windhunde, die neben ihren Besitzern stehen oder mit ihnen umhergehen, um sich die Zeit bis zum Startsignal zu vertreiben. »An der Leine geht er wie ein stolzer Krieger!«, ruft Al-Ghanem und lacht. Auch das sind die Worte des Dichters – und ich gebe ihm recht: Mit ihren hochgereckten Hälsen und sehnigen Läufen wirken die Tiere majestätisch, so als wüssten sie, dass sich hier alles nur um sie dreht. Viele kurzhaarige sind darunter, wie man sie in Europa selten sieht. Aber auch Tiere mit fransigen Ohren und rotbemalten Pfoten, bepinselt mit Henna, weil das Glück bringen und die Ballen schützen soll. Sie tragen schon ihre bunten Renntrikots mit den riesigen Nummern darauf. Lange kann es nicht mehr dauern, bis es losgeht. »Ich will meinem Saluki Loblieder singen. Wer ihn besitzt, verdankt ihm seinen ganzen Reichtum«, rezitiert Al-Ghanem weiter, nachdem er sich strahlend wieder zu mir gedreht hat, und bringt den Vers zu Ende: »Hirsche sind in großer Not, wenn er zur Jagd geht.«

Mit anderen Worten: Dieses Rennen musste einfach sein. Denn die traditionelle Windhundjagd wurde im Emirat Abu Dhabi verboten, damit die Wildtiere geschont werden. Nur in vereinzelten Gebieten ist sie noch erlaubt. Um die Hunde zu trainieren, gibt es Rennbahnen wie in Europa, bei denen ein künstlicher Hase vorwegsaust. Aber Salukis könne man mit so etwas nicht allzu oft kommen, sagt Al-Ghanem. Sie sind Langstreckenläufer und dafür gemacht, weite Distanzen in der Wüste zu überwinden. Im Kreis zu rennen, langweile sie, so der Saluki-Botschafter. Manchmal nehmen sie die Abkürzung durch die Mitte. Oder sie legen sich hin und warten, bis der Hase wieder vorbeikommt. Kein Zustand auf Dauer …

Al-Ghanem wollte ein richtiges Rennen ausrichten, auf einer der kilometerlangen, schnurgeraden Sandpisten in der Wüste, die den Kamelen vorbehalten sind. Mit internationalen Wettkämpfen kennt er sich aus, alljährlich organisiert er den Saluki-Schönheitswettbewerb von Abu Dhabi. Aber dort können die Tiere nicht zeigen, wofür sie gemacht sind. Zu einem echten Rennen gab es für ihn keine Alternative.

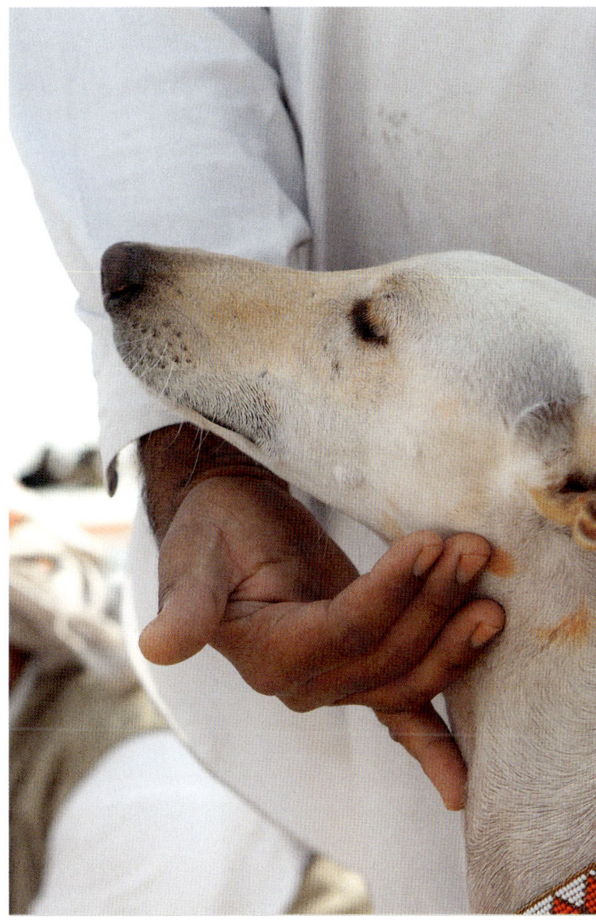

Die Wertschätzung eines Salukis in den Emiraten ist hoch. Traditionell war er vor allem Jagdhelfer, in Zusammenarbeit mit Falken.

FLIEGENDE GAZELLEN?

Die Vorbereitungen gestalteten sich jedoch kompliziert. Nicht nur die Rennbahn der Kamele musste gemietet werden, was auf erheblichen Widerstand stieß. Das nächste Problem war die Gazelle. In anderen arabischen Ländern werden bei einem Rennen lebende Gazellen eingesetzt, die die Salukis zu Tode hetzen. Doch Al-Ghanem war das zutiefst zuwider. Im Koran stehe, sagt er, dass man mit dem Leben von Tieren nicht spielen darf. Man darf sie auch nicht

12
8
Arabian Saluki Center

1

2

3

4

5

1 – Ein Kamerateam fährt beim Rennen mit.

2 – Die ausgestopfte Gazelle ist der Köder, dem die Hunde nachlaufen.

3 – Blutentnahme vor dem Rennen.

4 – Das Rennen findet auf einer Kamelrennbahn statt.

5 – Rundherum erstreckt sich die Wüste.

zum Spaß jagen, sondern nur, um sie zu essen. Für die Gazelle musste also ein Ersatz her, ein ausgestopftes Tier, das auf irgendeine Weise den Hunden vorweglief wie der künstliche Hase auf den Kreisbahnen.

An die ersten Versuche mag Al-Ghanem gar nicht mehr denken. »Wir haben unzählige Fehler gemacht«, sagt er. Erst stimmte die Höheneinstellung nicht, die Attrappe flog zu hoch über dem Sandboden, sodass die Hunde nicht mehr auf sie reagierten. »Kein Saluki jagt eine Gazelle, die fliegt.« Oder sie fuhr zu langsam und ruckelte. Zahlreiche Testläufe mit einem Dummy mussten durchgespielt werden, bis es endlich klappte. Nun hängt die ausgestopfte Gazelle an einem Kran, montiert auf der Ladefläche eines Geländewagens. Der wird nachher neben der Piste dahinjagen, sodass die Salukis, einmal losgelassen, ihrem Hetztrieb folgen können und mit 60 Stundenkilometern oder mehr über die Rennbahn fliegen.

Unter all den arabischen Männern bewege ich mich frei. Niemand stört sich daran, dass ich unentwegt Fotos mache. Außer mir ist noch eine weitere Frau auf der Rennbahn, Jaci Wickham, eine Saluki-Züchterin aus Südafrika, deren Hündin einen Startplatz im Qualifying hat. Heute werden die Ausscheidungsrennen stattfinden: 150 Hunde machen in insgesamt zehn Rennen die Finalisten unter sich aus: Die zwei besten kommen jeweils weiter. Morgen ist dann das Finale. Wickhams Hündin Savanna ist erst 18 Monate alt. Vermutlich werde sie keine allzu großen Chancen im Rennen haben, sagt die Züchterin: »Aber ich fühle mich hier trotzdem sehr willkommen, auch als Frau aus einem westlichen Land.«

Wir werden jäh unterbrochen, denn auf einmal rennt alles durcheinander. Hamad Al-Ghanem verschwindet in einem Knäuel aus aufgeregt gestikulierenden Männern. Er hält Listen über seinen Kopf. Der Start scheint unmittelbar bevorzustehen. Wickham winkt mir zu und eilt mit Savanna zu Al-Ghanem. Nach wenigen Minuten löst sich die Gruppe wieder auf. Männer zupfen an den Trikots ihrer Hunde, überprüfen den Sitz der Maulkörbe, bringen ihre Tiere zu den Startpositionen. Der Fahrer des Geländewagens mit dem Gazellenkran startet den Motor, lässt ihn mehrmals aufheulen. Es herrscht ein unsagbarer Tumult, bis endlich alle bereitstehen. Hund an Hund in einer Reihe nebeneinander, 15 sind es im ersten Qualifying. Dahinter die Männer und eine Frau, die ihre Tiere am Halsband halten. Kein einziger Hund hechelt. Keiner jault. Mit einem Mal herrscht eine gespannte Atmosphäre voller Konzentration. Niemand will das Startsignal verpassen.

Vielleicht war es in den Tagen der Windhundjagd ganz ähnlich, denke ich. Auch in der Wüste mussten sich Jäger und Saluki lautlos einer Gazellenherde nähern, um die Beute nicht zu warnen. Der Windhund saß vorn mit im Sattel und suchte den Horizont nach Wildtieren ab. War es an der Zeit, ließ ihn der Jäger zu Boden gleiten. Der Saluki fixierte die Beute in der Ferne, verharrte für einen kurzen Moment. Dann schoss er los. Kein anderes Tier war imstande, ein so schnelles Geschöpf wie eine Antilope oder eine Gazelle zu hetzen und sie so lange zu verfolgen, bis ihre Kräfte erlahmten. Hatte der Saluki sie eingeholt, riss er sie zu Boden und hielt sie fest, bis die Reiter zur Stelle waren.

HETZJÄGER DER WÜSTE

Mit dem Knall aus der Startpistole fliegen jetzt 15 gestreckte Hundeleiber über die Piste, der ausgestopften Gazelle hinterher, die im Fahrtwind mächtig schwankt. Kaum dass sie ihre Tiere losgelassen haben, rennen die Besitzer zu ihren Geländewagen, stürzen sich hinein und rasen den Hunden hinterher. Einige hängen mit halbem Leib aus den Autofenstern, schreien, hupen, winken. Die Salukis haben sich längst in fliegende Pfeile verwandelt. Wäre die Gazelle noch am Leben, sie hätte keine Chance.

Nur Augenblicke später passieren die Ersten die Ziellinie. Im Durchschnitt, so hat es Hamad Al-Ghanem notiert, erreichten die Salukis eine Geschwindigkeit von 65,6 Stundenkilometern. Zwei kommen weiter, es sind die Nummern 14 und 19. Die sandfarbene Hündin mit der Nummer 14 wird am nächsten Tag auch das Finale gewinnen. Der Sieger bekommt als Preis einen Landcruiser – neben der Ehre, ab sofort der Halter eines Champions zu sein. Aber auch Hamad Al-Ghanem kann einen Sieg für sich verbuchen: Sein First Arab Heritage Saluki Race Festival war ein voller Erfolg. Zu meiner Überraschung ruft er mich auf, ganz zum Schluss. Feierlich und mit breitem Lächeln überreicht er mir eine Glastrophäe, in die der Name des Festivals und das Datum eingraviert ist. Sogar ich bekomme einen Preis – nur fürs Dabeisein.

REIN ODER UNREIN?

Das Zitat des Dichters Abu Nuwas »Ein Saluki ist kein Hund« definiert die Trennlinie zwischen reinen und unreinen Tieren im Islam. Denn natürlich gehört auch der Saluki zur Hundefamilie, er ist nur eben kein »Kelb«, wie im Islam die gewöhnlichen Hunde bezeichnet werden. Ein Kelb ist ein unreines Tier, das gemäß dem Koran nicht im Haus gehalten werden soll, sondern draußen. Der Saluki hingegen gilt als rein. Als er noch mit den Nomadenvölkern wanderte, durfte er im Zelt seiner Menschen schlafen. Er wurde niemals verkauft, sondern höchstens verschenkt, als Zeichen größter Anerkennung. Diese Verehrung hat historische Gründe. Ohne den Saluki konnten die Beduinen früherer Zeiten nicht in der Wüste überleben, nur durch sein Jagdgeschick gelangten sie an das Fleisch von Wildtieren. Während der Speichel eines gewöhnlichen Hundes als äußerst unrein gilt, ist das bei einem Saluki nicht der Fall. Die Beutetiere, die er packt, dürfen gegessen werden.

Wie alt dieser Jagdhundtyp tatsächlich ist, lässt sich nicht mehr rekonstruieren. Eine ägyptische Grabbeigabe aus dem Jahr 3200 v. Chr., die sogenannte Oxford-Palette aus grünem Schiefer, gibt zumindest einen Anhaltspunkt: Auf ihr sind Windhunde mit Hängeohren abgebildet, die Antilopen jagen.

EIN FREUND FÜR DIE LETZTE REISE

Der mexikanische Nackthund mit dem unaussprechlichen Namen Xoloitzcuintle ist keine Modeerscheinung der Gegenwart, sondern eine uralte Rasse, die bereits die Azteken verehrten. Für sie war der Nackthund ein unentbehrlicher Begleiter durch das Reich der Toten.

Ein mexikanischer Junge namens Miguel läuft von zu Hause weg und gerät aus Versehen in das Reich der Toten. So beginnt »Coco«, ein Animationsfilm, der 2018 den Oscar und den Golden Globe gewann. In der Unterwelt darf sich jedoch kein Lebender aufhalten und so ist Miguel in höchster Gefahr: Er wird von den Toten gejagt und entkommt nur ganz knapp mithilfe seines Hundes Duerte. Die beiden sind enge Freunde. Einst rettete Miguel seinen Hund von der Straße, nun rettet Duerte ihn.

Aber dieser Hund ist nicht irgendein Streuner. Er ist ein Xolo, kurz für Xoloitzcuintle (sprich: »Scholo-itz-kuin-tli«). Das ist der berühmte mexikanische Hund, der eine besondere Beziehung zum Totenreich hat und eine besondere Aufgabe: Er begleitet die Verstorbenen durch die Unterwelt, denn die Reise dauert viele Jahre und ist sehr gefährlich. So erzählt es eine Aztekenlegende. Auch das Aussehen des Xolos gleicht einem mystischen Wesen: Die Zunge hängt ihm aus dem Maul, ihm fehlen einige Zähne. Er ist fast vollständig nackt, nur manchmal trägt er auf der Stirn, an den Pfoten oder an der Rutenspitze einzelne Haarbüschel. Die Mexikaner sind stolz auf ihre ungewöhnliche Hunderasse, die zu den ältesten der Welt gehört. Doch außerhalb ihres Heimatlandes sieht man sie nur selten und weiß kaum etwas von ihrem Ursprung.

Xolos gibt es in verschiedenen Farben und Größen. Aber alle haben einen sportlichen Körperbau und Stehohren.

Haarlose Hunde wirken auf die meisten Menschen abschreckend, so als wären sie ein Produkt gewissenloser Züchter. Dabei sind Xolos seit vielen Jahrhunderten nackt. Einige Quellen gehen davon aus, dass sie sogar schon vor rund 3000 Jahren existierten. Mexikos haarlose Hunde sind also keine Erscheinung der Neuzeit, sondern Geschöpfe mit einer lang zurückreichenden Geschichte.

Als ich allerdings den Auftrag erhalte, Xolos in ihrem Ursprungsland zu fotografieren, fallen die Reaktionen in meinem Umfeld nahezu verächtlich aus: »Das ist ja eklig«, höre ich. Oder: »Warum willst du eine Qualzucht aufsuchen?« Von Sonnenbrand ist die Rede und von Widernatürlichkeit. Es überrascht mich, wie stark die Ablehnung ist, die mir entgegenschlägt. Ich habe mir selbst noch kein Urteil gebildet, Xolos sind für mich erst einmal nur Hunde ohne Haare aus einem warmen Land. Vor allem aber bin ich gespannt, wie sich ihre Haut anfühlt. Was werde ich spüren?

Auf der Suche nach einer Antwort stoße ich auf den mexikanischen Xolo-Experten Ricardo Forastieri. Er lebt in Tijuana an der Grenze zu Kalifornien und züchtet seit 1991 Nackthunde. Seine Zuchtstätte heißt »Criadero Caliente«, was sich kurioserweise mit »heißer Zwinger« übersetzen lässt. Aber Forastieri ist auch internationaler Ausstellungsrichter und Tierarzt. Sein Stolz auf den Xoloitzcuintle spricht aus jeder Zeile seines Internetauftritts. »Wir haben die Ehre«, steht da, »diese schöne Rasse an vielen Orten der Welt vorzustellen.« Und weiter: »Wir laden Sie ein, Teil unserer Geschichte und dieses lebendigen vorspanischen Erbes zu werden, das sich in einem treuen und unzertrennlichen Freund manifestiert: dem Xoloitzcuintle-Hund.«

Ich beschließe, Forastieri beim Wort zu nehmen. Es ist noch Winter, als ich eine Mail an ihn sende und frage, ob ich kommen darf. Der Mann antwortet rasch und schickt tatsächlich eine herzliche Einladung. Er freue sich, schreibt er, dass ich seine Xolos fotografieren möchte und mich für die Rasse interessiere. So schnell seine Antwort kam, so lange dauern meine Vorbereitungen. Als ich nach Mexiko fliege, ist es bereits Juni.

In der Zwischenzeit habe ich mich in die Geschichte der Xolos vertieft. Offiziell gehören sie zur Gruppe der Urhunde. Das heißt, die Rasse ist nicht nur sehr alt, sondern hat sich auch seit vielen Jahrhunderten kaum verändert. Erst im Jahr 1961 wurden Xolos von der Fédération Cynologique Internationale (FCI) anerkannt, dem Weltverband der Rassehundezüchter. Der Standard, also die festgelegten Rassemerkmale, wie diese Hunde aussehen sollen, wurde sogar erst 2012 endgültig festgelegt.

Ihr Name Xoloitzcuintle stammt aus der Zeit der Azteken im 14. Jahrhundert und bedeutet »der Hund des Gottes Xolotl«. Bei den Azteken war Xolotl einst der Gott des Feuers, des Blitzes und der Unterwelt. Er formte den Hund aus dem Knochen des Lebens und überreichte ihn den Menschen als Geschenk. Unter einer Bedingung: Sie mussten das Tier jederzeit beschützen, komme, was wolle. Zum Dank würde der Xoloitzcuintle die Seelen der Menschen durch das

Reich des Todes geleiten und sie auf sicheren Wegen in den Himmel bringen. Wie im Film »Coco«, nur dass Miguel dank Duertes Hilfe nicht ins Jenseits, sondern wieder ins Leben treten darf.

Bei Ausgrabungen zeigte sich allerdings, dass die mexikanischen Vorfahren das mit dem Beschützen nicht so genau genommen hatten. Oft landeten ihre Xolos als Delikatesse im Kochtopf oder wurden als Opfertiere getötet, um Dämonen abzuwehren. Dank ihrer nackten Haut – und das hat sich bis heute gehalten – gaben sie hervorragende Wärmflaschen ab. Vor allem ältere und kranke Menschen liebten es, sich einen Xolo unter die Bettdecke zu packen. Auch in Mexiko kann dies hilfreich sein, die Nachttemperaturen fallen mancherorts unter zehn Grad Celsius.

DICKER ALS MENSCHENHAUT

Als ich auf dem Flughafen in Cancun ankomme, ist es allerdings heiß und schwül wie in einem Dschungel. Obwohl es schon Abend ist, flimmert die Hitze über dem Asphalt, die Sonne blendet noch immer. Ich bin umgeben von Urlaubern, die genau deshalb hierhergekommen sind: Sie schwenken ihre Strohhüte und freuen sich über die tropischen Temperaturen. Ich fahre mit dem Taxi ins Hotel und bin erleichtert, dass ich in einem kühlen Zimmer schlafen kann, bevor ich am anderen Tag meine fünfstündige Busreise antrete.

Morgens geht es weiter zur südöstlichen Spitze von Mexiko, nach Mérida auf der Halbinsel Yucatán. Verabredet bin ich mit Ricardo Forastieri in einer uralten Hacienda, einem Ferienresort, das schon im 18. Jahrhundert eine Raststätte für Reisende war. Als ich ankomme, erwartet mich ein altes Gemäuer, aufwendig restauriert, doch seine Vergangenheit steckt noch in jedem Stein. Mächtige Arkadenbögen schließen sich um einen Innenhof, werfen lange Schatten und halten die Mittagshitze fern.

Ich döse in einem Sessel, um auf Forastieri zu warten. Um mich herum wuchern Urwaldpflanzen. Riesenhafte Monsterablätter klettern die Veranda empor. Violette Bougainvilleablüten wickeln sich wie Girlanden um die Arkadenbögen. Ich lausche dem vereinzelten Kreischen der Papageien, Palmblätter rascheln im Wind, ansonsten ist es still.

Fast wäre ich eingenickt, da eilt mir Ricardo Forastieri mit langen Schritten entgegen. Er hält sich kerzengerade, viele Lachfältchen haben sich um seine Augen gegraben. Wie es in Mexiko üblich ist, gibt er mir zuerst die Hand und dann einen Kuss auf die Wange. Einen seiner Hunde hat er gleich mitgebracht. Einen kleinen, schwarzen, sehr lebhaften – und sehr nackten – Hund namens Vampiro.

Da ist er also, der erste Xoloitzcuintle meines Lebens. Ich knie mich auf die Steinfliesen, lasse mich von einer lackschwarzen Nase beschnüffeln, blicke in glänzende, freundliche Augen und in ein sehr fremdes Hundegesicht. Haarlos, wie es ist, könnte es einer Statue gehören. Das ganze Tier wirkt wie aus dunklem Metall gegossen, sogar seine Haut glänzt. Behutsam strecke ich meine Hand aus, um sie zu berühren. Die oberste Schicht ist weich, fast wie Menschenhaut. Doch bei zartem Druck lässt sich darunter

»Sie leben hier seit
Tausenden von Jahren.«

1 – Haare an den Pfoten sind erlaubt.

2 – Ein neugieriger Junghund beobachtet mich.

3 – Geschichtsträchtiger Ort, uralte Rasse.

4 – Leckerlies funktionieren auch hier.

5 – Bougainvillea.

etwas Festes fühlen, ein leichter Widerstand, so als wäre diese Haut dicker als unsere. Was mir als Nächstes auffällt: Von Vampiros Körper geht eine starke Wärme aus. Xolos haben wie alle Hunde eine konstante Körpertemperatur von rund 38 Grad, durch ihre Nacktheit wirken sie jedoch deutlich wärmer. Dass man sie als Wärmflasche mit ins Bett nehmen will, kann ich mir sofort vorstellen.

Insgesamt acht Hunde hat der Züchter mitgebracht. Ein paar von ihnen sind nicht vollständig nackt, sondern tragen einen Haarschopf auf der Stirn. Bei manchen sehe ich sogar dünn befellte Pfoten. Das Gen für Nacktheit wird zwar dominant vererbt, aber in jedem Wurf kann es haarige Welpen geben, selbst solche mit vollständigem Fell. Mittlerweile hat der Weltverband FCI auch diese Hunde als Xolos anerkannt, bei Ausstellungen treten sie aber sehr selten auf.

Ricardo Forastieri lädt alle seine Hunde in einen klimatisierten Van. Ganz in der Nähe befindet sich eine alte Tempelanlage mit mächtigen Steintreppen, dort wollen wir hin. In der Ruine sind wir die einzigen Besucher – und die Xolos in ihrem Element, so als wüssten sie um ihre Geschichte. Zu zweit oder zu dritt rennen sie die Stufen hinauf, jagen im Galopp wieder hinunter, streifen zwischen den Mauern herum. Keine Wildtierfährte, die es hier ganz bestimmt gibt, kann sie offenbar von ihrem Rundgang durch die Ruinen ablenken. Für einen Moment blicke ich in eine mythische Vergangenheit, in die Welt der Azteken, die den Tod mehr feierten als das Leben. Die diese besonderen Hunde hielten, um nicht allein zu sein auf ihrer Wanderung ins Jenseits. Die sogar daran glaubten, dass der Xoloitzcuintle Heilkräfte besitzt: Schmerzte eine Körperstelle, legten sie sich einen Nackthund darauf. Wie entsetzt mussten diese Menschen gewesen sein, als die spanischen Eroberer, die ihr Land besetzten, immer mehr Hunde für ihren Kochtopf stahlen, bis fast keine mehr da waren.

Doch als Vampiro jetzt auf mich zuspringt, mit seinen riesigen Fledermausohren, und seine Schnauze gegen meine Hand stupst, hat er rein gar nichts mehr von einer mystischen Gestalt. Im Gegenteil. Er ist genau wie alle Hunde dieser Welt, wenn sie sich wohlfühlen: ausgelassen, neugierig und höchst lebendig.

DAS GEN FÜR NACKTHEIT

Wie hat man herausgefunden, dass schon die Azteken Nackthunde besaßen? Erbgutanalysen sprechen eine eindeutige Sprache, man braucht dafür nur geeignetes Knochenmaterial. Die Genmutation, die die Haarlosigkeit der Xolos verursacht, heißt FOXI3 (siehe Kasten Seite 131). Sie ist auch dafür verantwortlich,

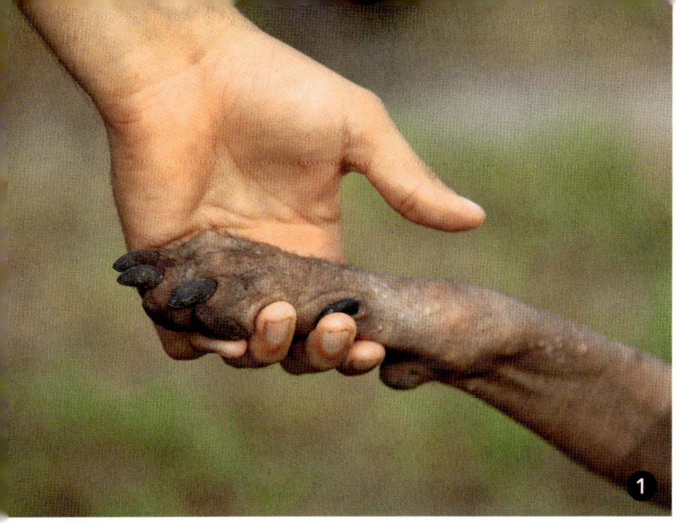
1

2

3

4

5

Die Junghunde jagen einander. Die laut Rassestandard zulässigen Haare an Kopf und Rutenspitze sind gut zu erkennen.

dass den Tieren einige Zähne fehlen. Deshalb hat die Zunge eines Xolos beim Hecheln wenig Halt im Maul und hängt seitlich heraus. FOXI3 wiederum lässt sich aus den Zellen von Knochen extrahieren. Will man also wissen, ob ein sehr altes Skelett einem Nackthund gehörte, muss man sich auf die Suche nach dem FOXI3-Gen machen – oder nach dem entsprechenden Gebiss mit den typischen fehlenden Zähnen.

Genau das hat Aurélie Manin versucht, eine französische Archäologin an der University of Oxford. Sie analysierte im Jahr 2018 die Kieferknochen von mexikanischen Hunden, auf die man bei Ausgrabungen gestoßen war. Der älteste Fund hatte ein Alter von etwa 1500 Jahren. Manin entdeckte zwar das FOXI3-Gen nicht, doch die Gebissfunde waren so überzeugend, dass die Forscherin zu dem Schluss kam, mit großer Wahrscheinlichkeit habe es schon zu diesem frühen Zeitpunkt haarlose Hunde in Mexiko gegeben.

Weitere Hinweise auf das Alter von Nackthunden sind Keramikfiguren. Sie wurden vor mehr als 3000 Jahren hergestellt und zeigen Hunde ohne Fell sowie mit lückenhaftem Gebiss. Der erste schriftliche Nachweis findet sich im Florentinischen Codex, einer Wissenssammlung, verfasst zwischen 1540 und 1585. Darin beschrieb der Missionar und Ethnologe

Bernadino de Sahagún, wie Nackthunde von ihren Besitzern in Decken eingewickelt wurden, damit die Hunde nachts nicht froren.

»Muss das sein, dass man sie in Decken packt?«, frage ich Ricardo Forastieri, als wir wieder zur Hacienda zurückgekehrt sind und uns an den Brunnen im Innenhof setzen. Solche Fragen kennt der Züchter zur Genüge. Er lacht, während er mit einem seiner Xolos spielt. Erst hebt er den dunkelgrauen Rüden hoch über seinen Kopf, dann drückt er ihn an die Brust, ohne sich darum zu kümmern, dass der Hund ihm das Hemd zerwühlt. »Weißt du, Debra«, sagt er. »Diese Tiere leben hier seit Tausenden von Jahren. Sie sind perfekt an ihre Umgebung angepasst. Wenn ihnen zu kalt wird, suchen sie einen wärmeren Platz. Wenn ihnen zu heiß ist, gehen sie in den Schatten …«

… oder ins Wasser, hätte er noch sagen können. Gleich drei seiner Xolos haben sich soeben in den Brunnen gestürzt und spielen darin wie junge Robben. Das aufspritzende Wasser flutet den Boden um das Becken herum, Spritzer fliegen uns direkt ins Gesicht und hinein in die Gläser, die wir in Händen halten. Ricardo Forastieri ist jetzt zu abgelenkt, um weiterzusprechen, versonnen schaut er seinem Rudel beim Abkühlen zu. »Diese Hunde haben jedenfalls kein Fell, das nur mühsam trocknet und müffelt«, denke ich.

Aber wie verhält es sich mit Sonnenbrand? Die Sonne scheint direkt auf die Haut der Xolos wie bei uns auch. Deshalb empfiehlt der US-amerikanische Hundeverband das Eincremen mit Sonnenschutzmitteln

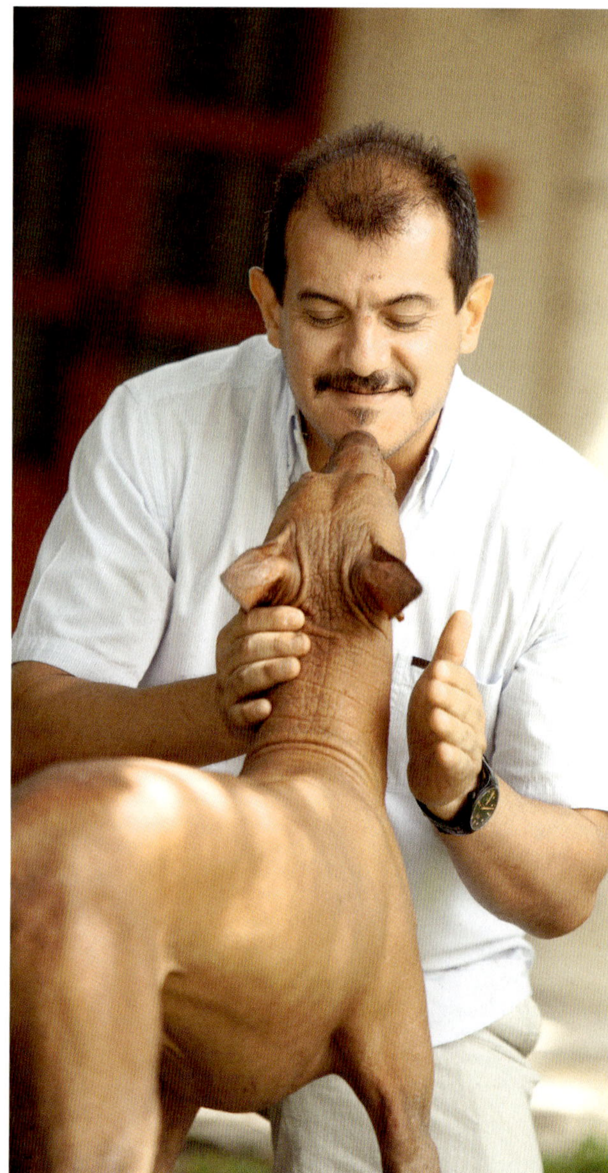

Ricardo Forastieri ist langjähriger Hundezüchter und Tierarzt. Außer Xolos züchtet er noch Gebrauchshunderassen und bildet sie auch im Hundesport aus.

bei hellhäutigen Tieren und auch bei längeren Aufenthalten im Freien. Doch Forastieri schüttelt den Kopf. »Sonnencreme«, sagt er seufzend, »für einen Hund, der seit 3000 Jahren ohne lebt? Die Pigmentierung sorgt doch für ausreichend Schutz.« Seine Xolos, zumindest die, die er mir zeigt, sind alle dunkelhäutig. Was aber mit Hunden geschehen soll, die diese Hautpigmente nicht haben, bleibt eine offene Frage.

Die Nackthunde haben den ganzen Tag herumgetobt und miteinander gebalgt. Sie sind durchs Unterholz gerast, über Mauern gesprungen und haben sich auf Steinen gewälzt. An ihrer Haut findet sich nirgends ein Kratzer. Vielleicht sind sie abgehärtet oder ihre Haut hält mehr aus als gedacht.

Als ich Mexiko, Ricardo Forastieri und seine Xolos schließlich hinter mir lasse, habe ich nicht den Eindruck, Zeugin einer Qualzucht geworden zu sein, sondern gesunde Hunde getroffen zu haben. Aber ich weiß, dass die aktuelle Tierschutzkommission in Deutschland das anders sieht. Hier droht inzwischen ein Verbot aller Nackthunde bei Ausstellungen. Der Verband deutscher Hundezüchter und der Club für Exotische Rassehunde erheben dagegen Einspruch und fordern den wissenschaftlichen Nachweis, dass die Tiere durch ihre Haarlosigkeit tatsächlich leiden. Nun sammelt der Club weltweit Daten und will ein neues Gutachten zur Gesundheit der Urtyp-Hunde in Auftrag geben.

Während ich im Flugzeug nach Hause sitze, hänge ich meinen Gedanken nach. Ist etwas, das so alt ist wie der mexikanische Nackthund, allein schon dadurch erhaltenswert, eben weil es so alt ist? Oder dürfte ein Nackthund nicht auf der Welt sein, weil er keinen Fellschutz besitzt und ihm Zähne fehlen? Wer soll entscheiden, was wo geschieht? Ich finde, solange ich auch grüble, keine Antwort auf meine Fragen.

DER GENETISCHE HINTERGRUND

Das Gen FOXI3 für Nacktheit und fehlende Zähne vererbt sich beim haarlosen Xolo dominant. Das heißt, dass auch Mischlinge, die sich mit Xolos paaren, nackte Welpen mit fehlenden Zähnen produzieren können. Laut der Genetikerin Dr. Irene Sommerfeld-Stur müsste dies unter natürlichen Selektionsbedingungen dazu führen, dass das Gen aus der Population verschwindet, falls es die Vitalität der Tiere massiv beeinträchtigen würde. So schreibt Sommerfeld-Stur in ihrem Buch »Rassehundezucht – Genetik für Züchter und Halter«, dass es sich bei den Nackthunden Südamerikas und Chinas um sehr alte Rassen handelt, die unzählige Generationen überdauerten. Hätte die Haarlosigkeit starke Einschränkungen mit sich gebracht, wäre ihnen das vermutlich nicht gelungen. Was die Pigmentierung betrifft, schreibt die Genetikerin hingegen: »Es ist allerdings zu bedenken, dass das Fehlen von Haaren dann zu Problemen führen kann, wenn die Haut unpigmentiert ist. In diesem Fall ist die Haut schutzlos den UV-Strahlen der Sonne ausgesetzt.«

Jeder nackte Xolo besitzt ein Gen für Haarlosigkeit und eins für Haare. Um einen nackten Welpen zu erhalten, muss nur eine Kopie des Gens für Nacktheit weitergegeben werden. Die Kreuzung von zwei haarlosen Xolos führt indes zu weniger Nachkommen. Geben jedoch sowohl Eizelle als auch Spermium das Gen für Haarlosigkeit weiter, entwickelt sich daraus kein Welpe.

COAST

KEINE ANGST VORM FLIEGEN

Wer Flugangst hat und in den Vereinigten Staaten wohnt, hat Glück im Unglück: An vielen Flughäfen sind Therapiehunde im Einsatz, die Reisende beruhigen und aufheitern. So wie am Los Angeles International Airport, wo die Tierschützerin Heidi Huebner aktiv geworden ist.

REGISTERED
THERAPY DOG
ATD

Wann immer ich fliege, sehe ich, wie Reisende allein für sich dasitzen und mit ihren Handys spielen oder am Laptop arbeiten, wenn sie nicht gerade zum Gate hetzen. Es ist still, niemand spricht, mit Ausnahme der Familien, die ihre Kinder bei Laune halten.

Doch am Flughafen von Los Angeles ist es heute ganz anders. Neun Menschen hocken vor mir im Kreis auf dem Teppichboden, die meisten haben ein Lächeln im Gesicht. Sie kennen einander nicht, sondern sind nur zufällig zusammen, um auf ihren Flug zu warten. Die Kleinste im Kreis kann noch nicht ohne Hilfe laufen, der Älteste mag etwa 40 Jahre alt sein. Warum sie alle auf dem Boden sitzen und vergnügte Gesichter machen? Die Gründe dafür liegen in der Mitte, mit weit von sich gestreckten Beinen: die Hunde Serjio und JJ, gesprochen Jeyjey.

Serjio ist eine Französische Bulldogge, JJ ein American Staffordshire Terrier. Ihre Namen und ihre Rassen stehen auf den Visitenkarten, die gerade verteilt werden. Beide Hunde tragen rote Leibchen mit der Aufschrift »pet me« (»streichle mich«). Sie sind nicht hier, um mit ihren Menschen in den Urlaub zu fliegen, sie bleiben am Boden und machen ihren Job: Sie verkürzen den Passagieren die Zeit bis zum Flug, wirken beruhigend, falls jemand Flugangst hat, erfreuen die Kinder und sorgen für Abwechslung. Serjio und JJ

Links: Heidi Huebner, die Leiterin des Projekts, mit Maggie Mae, der Hündin einer Ehrenamtlichen. **Oben:** Serjios Visitenkarte.

Pet Me!
Pet

sind Therapiehunde, sie gehören zur Organisation PUP – Pets unstressing Passengers, was so viel bedeutet wie »Hunde, die Passagiere beruhigen«.

Hinter dem Programm in Los Angeles steht Heidi Huebner, eine ehemalige Mitarbeiterin der städtischen Tierheime, die nun für PUP arbeitet und von der Stadt bezahlt wird. Die Idee selbst geht auf eine Aktion anlässlich der Terroranschläge vom 11. September 2001 zurück. Damals konnten sich viele Reisende kaum überwinden, wieder in ein Flugzeug zu steigen. Um ihnen zu helfen, versammelten sich Freiwillige auf dem kalifornischen Flughafen San José – zusammen mit ihren Hunden. Sie setzten sich zu den Passagieren und versuchten, ihnen etwas von ihrer Panik zu nehmen. Wer Hunde mochte, streichelte die Tiere. Entspannte sich dabei, atmete durch, ließ manchmal auch Tränen fließen. Heidi Huebner beobachtete das Projekt fasziniert. Sie beschloss, es nach Los Angeles zu holen und dort zu einer dauerhaften Einrichtung zu machen. Heute gibt es in den Vereinigten Staaten mehr als 70 Flughäfen, in denen Therapiehunde nervöse Fluggäste aufmuntern. Auch in Kanada bieten schon 18 Airports vergleichbare Programme an.

NEBENEFFEKT: MENSCHEN REDEN MITEINANDER

Große Angst vorm Fliegen scheint hier niemand zu haben, trotzdem sind die Hunde sehr willkommen. Neben Serjio und JJ sind noch Mojo, ein blonder Labrador, und eine Rottweilerhündin im Einsatz. Ihre Halterinnen – an diesem Tag sind es ausnahmslos Frauen – tragen rote T-Shirts mit dem Schriftzug PUP über der Brust, um in der Menge leichter erkannt zu werden. Eine Rottweilerhündin? Flößt so ein kräftiges Tier nicht eher Angst ein? Die Hündin heißt Maggie Mae, ist sieben Jahre alt und hat einen gewaltigen Schädel. Wie ein Fels in der Brandung steht sie neben ihrer Halterin Nadine. Die lächelt: »Aber nein, im Gegenteil, viele Männer nähern sich einem großen schwarzen Hund viel leichter als einem kleinen wie Serjio.«

Bevor die Teams zu den Gates gelangten, hat man sie bei der Einlasskontrolle ein wenig aufgehalten, aber nicht aus Sicherheitsbedenken. Die diensthabende Beamtin konnte sich nicht von den Hunden losreißen, sie streichelte Maggies Maes Kopf und kraulte Serjios Bauch, der in einem Buggy sitzt, weil er heute nicht so gut zu Fuß ist. Bevor sie die Teams passieren ließ, krempelte sie noch das Hosenbein hoch und zeigte allen ihre Wade, tätowiert mit den Gesichtern ihrer zwei Hunde.

Jetzt liegen Serjio und JJ also auf dem Teppichboden und wirken wie ein Magnet. Als Erstes kommen zwei Mädchen heran, knien sich hin und fragen Serjios Halterin Löcher in den Bauch: nach dem Lieblingsessen des Hundes, nach seinen Hobbys. Ein junger Mann in Lederjacke lässt sich im Schneidersitz zu Boden, krault die Flanke des Staffordshire Terriers JJ. Dann schiebt er die Kopfhörer von den Ohren, um sich mit seinem Nachbarn zu unterhalten. Ich bin verblüfft, wie sich die stille Flughafenhalle im Handumdrehen in eine Art Dorfplatz verwandelt hat, auf dem geschwatzt und gelacht wird. Die Hunde bringen also nicht nur Abwechslung, sondern auch die Menschen ins Gespräch.

Von hinten gesellt sich ein kleines Mädchen dazu, das gerade vom Schoß seines Vaters gerutscht ist. Es trägt einen Schnuller und drückt sich jetzt an den Sitzenden vorbei, um zu Serjio und JJ zu gelangen. Die beiden Hunde scheinen die Aufmerksamkeit und die vielen Hände zu genießen, strecken ihre Beine von sich oder rollen sich auf den Rücken. Wären sie nicht so ausgeglichen, dürften sie bei PUP auch nicht mitmachen. Neben einer Therapieausbildung und einer weiteren Schulung achtet Heidi Huebner am meisten darauf, dass die Tiere das ständige Anfassen wirklich mögen. Sie sollen nicht gestresst werden durch den Rummel, den sie auslösen. Auch ihre Halterinnen und Halter müssen kontaktfreudig sein. Wer nicht immer wieder gern erzählt, wie der eigene Hund heißt oder wie alt er ist, eignet sich nicht für diesen Job. Geld verdienen lässt sich damit nicht. Die PUP-Leute arbeiten ehrenamtlich, weil sie ihren Einsatz für sinnvoll halten. Manche haben sich untereinander angefreundet und nutzen ihre Termine am Airport als Gelegenheit, sich zu treffen.

GESPRÄCH MIT HEIDI HUEBNER

Im Jahr 2020, als die Coronapandemie jäh über die Welt hereinbricht, wird nicht nur der Flugverkehr gestoppt. Auch die Arbeit der PUP-Teams kommt zum Erliegen. Seitdem habe ich mich immer wieder gefragt, wie es Heidi und dem Projekt wohl gehen mag. Arbeiten die Therapiehunde nach den Lockdowns wieder oder gibt es PUP vielleicht nicht mehr? Ein Anruf soll Klarheit bringen.

***Debra Bardowicks:** Hallo Heidi, wie geht es dem PUP-Programm? Seid ihr wieder aktiv?*

Heidi Huebner: Ja, wir sind froh, dass es wieder losgeht. Langsam kehrt alles zur Normalität zurück. Nicht nur die Passagiere und das Personal haben uns vermisst. Auch die Hunde haben sich gelangweilt, weil sie nicht arbeiten konnten.

Wann seid ihr zurückgekommen?

Ein Jahr lang waren die PUP-Teams gar nicht im Einsatz. Erst 2021 durften ein paar die Arbeit wieder aufnehmen. Mittlerweile sind täglich mehrere Teams vor Ort. Aber in der Coronazeit habe ich ungefähr 50 meiner 120 Teams verloren. Einige Leute sind weggezogen, bei manchen sind die Hunde zu alt geworden oder sie haben aus anderen Gründen nicht wieder angefangen. Immerhin sind wir noch genug, um an sieben Tagen die Woche in den Terminals zu sein.

Was habt ihr in der Zwischenzeit gemacht, um die Teams zu beschäftigen?

Wir haben Zoommeetings veranstaltet, um im Kontakt zu bleiben. Unsere Leute haben auch eine Videokampagne für die sozialen Medien gemacht. Das waren kleine Filme, wie sich die Hunde daheim die Zeit vertreiben. Währenddessen wurden in den Terminals Fotos der Hunde auf den Anzeigentafeln gezeigt, solange wir nicht da waren.

Waren die Fluggäste nach dem Ausbruch von Corona vorsichtiger im Umgang mit den Hunden?

Nein, das war spannend zu sehen. Als wir wieder anfingen, hatten unsere Teams Desinfektionsmittel dabei. Die Reisenden haben sich die Hände eingesprüht, bevor sie die Hunde streichelten. Und irgendwann wussten wir ja auch, dass Corona nicht

Links: JJ und Frauchen Janie bereit für den Einsatz.
Oben: Feierabend für heute. **Unten:** Für das Projekt ist jede Hunderasse willkommen.

durch Hundekontakt übertragen wird. Aber wer zu den Hunden wollte, musste eine Maske tragen. Nur Familien durften ein Tier gemeinsam streicheln, sonst kamen die Leute nacheinander dran.

Haben sich die Hunde gegenüber Maskenträgern anders verhalten?

Nein, da war ich ein wenig überrascht. Sie waren direkt wieder im Therapiehunde-Modus. Wir hatten aber ein anderes Problem: Wir konnten neue Hunde nicht so testen wie früher. Alle Einrichtungen waren ja für Besucher geschlossen – bis auf die Baumärkte. Also haben wir angefangen, dort die Hunde auf ihre Eignung zu testen. Das hat gut funktioniert, und zwar so gut, dass wir damit jetzt weitermachen.

Durchlaufen die Flughafenhunde eigentlich denselben Test wie andere Therapiehunde auch?

Wir arbeiten mit der Organisation »Alliance of Therapy Dogs« zusammen, die Therapiehunde ausbildet. Unsere Tiere sind dort registriert und versichert. Auch ist der Test für alle Hunde gleich, egal ob sie am Flughafen eingesetzt werden oder anderswo. Die Tiere müssen außerdem ein Jahr als Therapiehunde gearbeitet haben, bevor ich sie aufnehme. Zusätzlich mache ich noch einen Ortstermin mit ihnen. Für manchen Hund kann der Flughafen ein zu anstrengender Ort sein, selbst wenn er gut ausgebildet ist. In so einem Fall kann ich ihn leider nicht einsetzen.

Wie findet ihr neue Teams?

Sie finden normalerweise mich. Manchmal kommen die Leute auch auf Empfehlung von Nachbarn oder Freunden, die ihnen von uns erzählt haben. Wir haben zwei Jahre lang keine Aufnahmeaktionen mehr gemacht, fangen aber damit wieder an. Aktuell haben wir 13 neue Teams im Training. Wenn sie alle die Prüfung bestehen, sind es zumindest wieder 83. Es geht also aufwärts. Landesweit und in Kanada machen jetzt mehr Flughäfen mit, das ist eine tolle Entwicklung.

WARUM GIBT ES SO ETWAS NICHT IN DEUTSCHLAND?

Es ist merkwürdig: In den USA und in Kanada sind Therapiehunde am Flughafen längst keine Seltenheit mehr. Die Programme sind sehr beliebt, Jahr für Jahr kommen weitere Airports hinzu. Doch obwohl auf dem nordamerikanischen Kontinent seit Jahren gute Erfahrungen mit Therapiehunden gemacht werden, gibt es etwas Vergleichbares in Deutschland nicht. Eine Hamburgerin hat vor einigen Jahren versucht, ein Programm wie PUP am Flughafen der Hansestadt zu etablieren, ohne Erfolg. »Kein Bedarf bei den Reisenden« und »hoher Mehraufwand« waren die Gründe für die Ablehnung vonseiten der Flughafenleitung.

Immerhin: In Europa tut sich etwas, wenn auch langsam. Auf dem Flughafen im schottischen Aberdeen sind inzwischen 14 Hunde im Einsatz, die sich die »Aberdeen Airport Canine Crew« nennen (frei übersetzt: »Das Hundeteam vom Aberdeen Airport«). Die Tiere tragen gelbe Halstücher als Erkennungszeichen, ihre Menschen hellblaue T-Shirts und Westen.

Auch die Canine Crew musste zu Beginn der Coronapandemie aussetzen, genau wie die PUP-Teams in Los Angeles. Doch nun sind die schottischen Hunde zurück und gehen regelmäßig auf Kuschelkurs. Die Aberdeen-Initiative gewann 2019 übrigens den »National Geographic Traveller's Award for Innovation« (das ist der Preis des Magazins National Geographic für die beste neue Idee im Reisegewerbe). Da bleibt nur eins zu wünschen: Bitte nachmachen!

Black&White

DER HIGHLANDER

In Schottland habe ich einen echten Wildfang kennengelernt. Einen ungewöhnlichen allerdings, der beste Manieren hat und manchmal sogar in der Politik mitmischt: der unzähmbare, aber hochelegante Scottish Terrier.

Scottish Terrier gibt es in verschiedenen Farben. Ihre Fellstruktur passt gut zum schottischen Klima.

Der Nebel hat sich in Fetzen über dem Wasser ausgebreitet. Es ist ein stiller Morgen. Das einzige Geräusch weit und breit machen meine Schuhe, die im Kiesstrand einsinken. Ich stehe am Ufer des Loch Lomond, eines Sees, der so groß ist, dass ich die andere Seite kaum erkennen kann. Dort drüben beginnt das mystische Schottland, erheben sich die rauen Gebirgszüge der Highlands. Jahrhundertelang bildeten sie einen Riegel gegen das flache Land diesseits des Sees. Ihre zerklüfteten Berge hielten jeden Eindringling fern, der nicht willkommen war. Und das galt für viele: Könige, Eroberer, Fremde, vor allem aber für die Landsleute aus den Lowlands, dem Flachland.

Carol spaziert mit drei Hunden durch Luss.
Ihre Ruten halten die Terrier fast immer senkrecht nach oben gestreckt.

Menschen also wie die Bewohner südlich von Luss. Das malerische Dorf in meinem Rücken liegt genau auf der Grenze zwischen den Highlands und den Lowlands. Es gleicht mit seinen herausgeputzten Cottages einer Postkartenidylle, steht unter Denkmalschutz und ist so lieblich wie das Hochland schroff und abweisend ist. Diese zwei Seiten Schottlands könnten kaum gegensätzlicher sein. Heute jedoch stehen sich die Feinde von früher nicht mehr unversöhnlich gegenüber. Im Gegenteil, sie haben sich sogar aufs Prächtigste vereint – in einem ganz besonderen Hund: dem Scottish Terrier, von Liebhabern kurz Scottie genannt.

Er stammt aus den Highlands, ganz unverkennbar. Noch immer ist der Scottie ein Wildling, mit unausrottbarem Jagdtrieb, widerspenstig, eigensinnig, im tiefsten Winkel seines Herzens unzähmbar. Zugleich aber kann er, wenn er will, ein äußerst sittsames Verhalten an den Tag legen. Er zeigt vollendete Manieren – wenn er will. Ist parkettsicher wie ein Salonlöwe – wenn er will. Kann sich auf Ausstellungen würdevoll in Szene setzen, Zuschauer mit seiner Eleganz beeindrucken, Störungen gelassen ignorieren. Wenn er will.

Einem solchen Hund kann man mit Haut und Haaren verfallen, ohne Frage. Das ist nicht nur der Grande Dame der britischen Scottiezucht passiert, der mittlerweile siebzigjährigen Carol Annan, die am Ufer des Loch Lomond lebt. Sondern gleich ihrer ganzen Familie. Annans Eltern züchteten die Terrier ab 1926. Als Carol einstieg, gehörten ihre Scotties bald zu den besten in Großbritannien, die auf den Ausstellungen die Preise abräumten. Doch was für uns eine Ewigkeit sein mag – fast 100 Jahre Zucht! –, ist für den Scottie nicht mehr als ein kurzer Abriss in seiner Geschichte.

HART, HÄRTER, SCOTTIE

Seine Wurzeln reichen zurück bis ins 14. Jahrhundert, als das Leben in den Highlands noch knochenhart war. Wer im Gebirge überleben wollte, musste zäh, tapfer und ausdauernd sein. Kein König kam zu Hilfe, wenn der Hunger dort oben ganze Landstriche auslöschte. Das Einzige, was einem Highlander beistand, war sein Clan. Deshalb stand der Clan über allem und bestimmte die Gesetze des Zusammenhalts. Die Regeln der fernen, stets wechselnden Könige bedeuteten den Hochlandbewohnern nichts – das machte sie in den Augen der Obrigkeit zu Gesetzlosen. Zu wilden Horden, die man am besten sich selbst überließ. Oder bis zur Vernichtung bekämpfte.

Solche Menschen brauchten Hunde, die genauso zäh und eigenständig waren wie sie selbst. Sie schufen sich Terriertypen, die in Tierbauten hineinkrochen und alles jagten, was den Highlandern lästig war. Vor allem Ratten und Mäuse, die ihnen die Vorräte wegfraßen. Der Name »Terrier« geht vermutlich auf das lateinische Wort »terra« für Erde zurück. Daher musste ein solcher Hund klein sein. Aber auch unerschrocken genug, um weit größere Tiere in ihren Höhlen zu stellen, Füchse und sogar Dachse, die größten Landraubtiere im Vereinigten Königreich. Dachse sind wehrhaft, sie fliehen nicht. Manche wiegen fast doppelt so viel wie ein Scottie. Wer sie in ihren Bauten aufstört, bekommt es mit ihren Krallen und Zähnen zu tun, mit der ganzen wilden Entschlossenheit eines in die Enge getriebenen Raubtiers. Ein Hochlandterrier musste den Mut haben, es in einem stockfinsteren Erdgang mit einem solchen Gegner aufzunehmen. Mochten ihm auch die Krallen eines Dachses fehlen und dessen Kampfgewicht, so hatte er doch ein kraftvolles Gebiss, Selbstvertrauen und vor allem seinen Schneid. »Er würde einen Teufel aus der Hölle holen, wenn es einen gäbe«, schrieb im 19. Jahrhundert begeistert ein Schweizer Hundeforscher über den Mut dieser Terrier. Nicht immer ging der Kampf zu ihren Gunsten aus. Aber oft genug. Dann hing in ihrem Maul die Beute, kampfunfähig oder schon erlegt, wenn die Hunde am Schwanz wieder aus dem Dachsbau gezogen wurden.

KLASSE UND CHARAKTER

Seitdem sind Hunderte Jahre vergangen, doch Carol Annan weiß genau, dass der Jagdinstinkt der Scottish Terrier noch unverändert vorhanden ist. Der Zaun in ihrem Garten ist »scottie-proof«. Das heißt, er steckt tief im Erdreich, damit ihre Hunde sich nicht darunter durchgraben können, um dann uneinholbar ihrer Nase und ihrem Jagdtrieb zu folgen. Einen Scottie von der Leine zu lassen, muss man sich gut überlegen. Wie schnell kriegt man ihn wieder, kann er Unheil anrichten? Selbst beim Fotoshooting, das ich mit Carols Hunden mache, bedarf es Taschen voller Leckerlies, damit sich Huggie, Maggie und Rosie nicht selbstständig machen. Ein Scottie kann mächtig Fahrt aufnehmen – und das Letzte, was man dann noch um die Ecke flitzen sieht, ist seine hochgereckte Rute. Wie ein Ausrufezeichen zum Abschied.

Übrigens eines, das durchaus auch in Weizenfarben auftreten kann oder gestromt oder in einem schimmernden Silbergrau. Nur rund zwei Drittel aller Scottish Terrier haben das bekannte lackschwarze Fell. Ihr Aussehen war den Highlandern einerlei, Hauptsache, die Tiere bewiesen Kampfgeist. Das änderte sich mit dem Aufkommen der Rassehundezucht. Die ursprünglichen Terrier des Hochlands wurden gegen Ende des 19. Jahrhunderts in vier schottische Rassen aufgeteilt (siehe Kasten Seite 153) und nur noch mit ähnlich aussehenden Hunden verpaart. So entstand nach und nach der heutige Rassehund des Scotties mit seinen kurzen Beinen, dem rauhaarigen, noch immer wetterfesten Fell, den spitzen Ohren und vor allem dem charakteristischen Kopf, lang, flach und breit, eben »einem echten Dickschädel«, wie Carol Annan sagt. Wachsam soll ein Schotte sein, aber niemals ein Kläffer. Und in wirklich jeder Rassebeschreibung findet sich das Wort »würdevoll«. Die Grande Dame der Scotties nickt: So ist es.

Ihre Hunde sind allesamt Showdogs, keiner wird noch für die Jagd gebraucht. Dabei ist es – überraschend genug – ausgerechnet ihr Jagdinstinkt, der die Terrier zu so erfolgreichen Ausstellungshunden macht. Wie kann das sein? Carol Annan erklärt es mir an einem Beispiel: Vor einiger Zeit ging einer ihrer Terrier als Sieger aus dem Showring, nachdem genau dort ein Malheur passiert war. Ein Chihuahua hatte sich losgerissen und war in die Vorführung der Scotties gerannt, just in dem Moment, als Carol dort ihren Kandidaten präsentierte. Der verwandelte sich von einem entspannten Hund in ein Wesen voller Feuer: Mit hochragender Rute, blitzenden Augen, straff gerecktem Kopf und vibrierenden Muskeln starrte Carols Scottie auf den Eindringling. Er sah ein Jagdobjekt. Die Jury, die nicht nur das Äußere des Kandidaten, sondern auch seine Ausstrahlung bewertet, sah einen Hund mit Charakter, einen echten Scottish Terrier. Und kürte ihn zum besten Hund seiner Klasse.

EINE SCHWER GEKRÄNKTE SCHOTTISCHE SEELE

Apropos Klasse und Charakter, keine andere Hunderasse hat es so oft ins Weiße Haus geschafft wie der Scottie. Gleich drei US-Präsidenten hielten sich einen Abkömmling der Highlander. Der berühmteste hieß Fala, benannt nach dem schottischen Häuptling »Murray the Outlaw of Falahil«, der sich einst mit König James IV. angelegt hatte.

Zwei schottische Berühmtheiten: Ein Scottish Terrier und der Loch Lomond, der See, nach dem Carols Zwinger benannt ist.

Auch Fala hatte mächtige Gegner. Er lebte von 1940 bis 1952 und war der Hund des US-Präsidenten Franklin D. Roosevelt. Dass er Roosevelt bei Konferenzen, Wahlkampfauftritten oder Empfängen stets begleitete, störte die republikanische Opposition. Sie brachte das Gerücht in Umlauf, der Präsident hätte Fala zuliebe Millionen Dollar an Steuergeldern verschwendet. Angeblich hätte er seinen Hund unterwegs auf einer Aleuten-Insel vergessen und ihn per US-Zerstörer wieder abholen lassen, für eine irrwitzige Summe, die immer größer wurde, je heftiger man sich aufregte.

Auf diesen Vorwurf antwortete Roosevelt in seiner weltberühmten Fala-Rede, die er 1944 vor Gewerkschaftern hielt – in Zeiten des Wahlkampfs: »Diese

republikanischen Führer greifen nicht nur mich oder meine Frau oder meine Söhne an. Jetzt attackieren sie auch noch meinen Hund«, begann der Präsident und hatte da schon die ersten Lacher auf seiner Seite. »Mir machen diese Angriffe nichts aus, meiner Familie auch nicht. Aber …«, nun hielt Roosevelt inne und sah streng in die Runde, »… Fala ist schwer gekränkt.« Das Publikum begann zu johlen. Der Präsident verzog keine Miene, als er fortfuhr: »Wie Sie wissen, ist Fala Schotte.« Schallendes Gelächter, doch Roosevelt war noch nicht fertig: »Das Gerücht, seinetwegen seien zwei, drei, acht oder zwanzig Millionen Dollar verschwendet worden, hat seine schottische Seele erzürnt. Und deshalb habe ich das Recht«, rief er hinein in den tosenden Beifall, »diese Lügen über meinen Hund zurückzuweisen.«

Roosevelt gewann seine Wiederwahl mit deutlichem Vorsprung und begann seine vierte Amtszeit – mit dem Highlander an seiner Seite, der ihn noch um einige Jahre überlebte. Und der, so schrieb Roosevelts Witwe Eleanor nach Falas Tod, »sein ganzes Leben lang wusste, dass er bedeutend war und wir anderen alle nur gewöhnliche Sterbliche«.

Dazu passt, was Carol Annan sagt. Ihre Scotties vergeben ihre Zuneigung nur äußerst wählerisch. Auf Fremde wirken sie reserviert, manchmal sogar arrogant. Doch damit tut man ihnen unrecht, wie ich jetzt weiß, als ich mich von der Züchterin verabschiede. Ein Scottie-Herz kann nichts für seine Herkunft. Es gleicht dem Land, aus dem es stammt und lässt sich nicht erobern.

AUS EINS MACH VIER – DIE SCHOTTISCHEN TERRIER

Gleich vier Rassen sind aus dem ursprünglichen Hochlandterrier hervorgegangen: der West Highland White Terrier, der Cairn, der Skye und der Scottish Terrier. Alle vier Rassen entstammen demselben furchtlosen Schlag, bei dem es allein auf innere Werte ankam – Mut und Jagdtrieb – und nicht auf Äußerlichkeiten. Das änderte sich ab 1875, als auf einer Hundeausstellung in London zum ersten Mal die Klasse der Schottlandterrier ausgeschrieben wurde. Allerdings erschien da nur ein einziger Hund. Einige Jahre später herrschte noch immer Verwirrung, wie ein Highlander-Abkömmling eigentlich aussehen sollte. So brachte es ein Vierbeiner namens »Otter« fertig, auf einer Ausstellung den ersten Preis als Scottish Terrier einzuheimsen und dann gleich noch mal als Skye Terrier – an einem einzigen Tag. Im Lauf der nächsten Jahrzehnte sortierte sich das Ganze allmählich. Der West Highland White Terrier wurde ab 1904 als eigene Rasse anerkannt und künftig in Schneeweiß gezüchtet – eine Sensation, wenn man bedenkt, dass weiße Welpen im Hochland lange als schwächlich galten und ersäuft wurden. Der Skye Terrier avancierte mit seinem langen, dichten Fell – das ihn eigentlich vor Fuchsbissen schützen sollte – zum Modehund des britischen Adels. 1907 bildete der Cairn Terrier das Schlusslicht als letzte schottische Rasse mit einem Standard – obwohl er als ursprünglichster Vertreter der alten Highlandterrier galt.

Manche zählen übrigens noch den weniger bekannten Dandie Dinmont zu den schottischen Terrierrassen und sagen, eigentlich gebe es fünf. Aber der Dandie Dinmont stammt aus dem Grenzgebiet zwischen England und Schottland, das macht seine Einordnung schwierig. Immerhin ist er der einzige Terrier, schreibt der Kennel Club aus Großbritannien, der einen schottischen Tartan tragen darf, das charakteristische Stoffmuster eines Highland-Clans.

IM LAND DER STREUNER

Das Territorio de Zaguates in den Bergen von Costa Rica ist ein Land, das nur den Hunden gehört – Hunden, die keiner haben will. Seit vielen Jahren kämpft hier die Tierschützerin und Landbesitzerin Lya Battle um ein würdiges Leben für Streuner.

Lya Battle hat ein großes Herz für Hunde und viel Platz für sie.

Für jemanden, der keine Angst vor Hunden hat, schlägt mein Herz verdächtig schnell. Ich kauere hinter einer Holzbarrikade und halte mir die Kamera vors Gesicht. Ein Rudel von etwa 800 Hunden stürmt in vollem Lauf auf mich zu. Ihr Kläffen, Bellen und Jaulen zerreißt die Luft. Uns trennen nicht einmal mehr hundert Meter. Von fern höre ich immer wieder Rufe: »Vamos, vamos!« (»Los, los!«)

Der aufgewirbelte Staub legt sich wie eine Wolke über den Platz. Bald sind die ersten Hunde nur noch schemenhaft zu erkennen. Geduckt hinter dem Holz mache ich Foto um Foto. Im nächsten Moment jagen unzählige Tiere knapp an mir vorbei. Sie rennen hinunter zum Fluss wie an jedem Morgen, freigelassen aus ihren Gehegen. Durch den Staub hindurch blicke ich auf ein wogendes Meer aus buntgescheckten Leibern, fliegenden Ohren, aufgerissenen Schnauzen.

Minuten vergehen, der Strom reißt nicht ab. Als das Rudel vorbeigerannt ist und die Luft wieder klarer wird, entdecke ich ein paar Nachzügler. Sie jagen nicht den anderen hinterher, sondern lassen sich Zeit, schnüffeln an Steinen und Grashalmen. Ein kleiner brauner Hund ist der erste, der mich wahrnimmt. Schwanzwedelnd kommt er auf mich zu, schmiegt seinen Kopf in meine Hand. Ich streichle ihn ein wenig, stehe dann auf und folge dem Rudel. Das ist

Allen Hunden Streicheleinheiten zukommen zu lassen ist schwierig, aber Lya und ihre Mitarbeiter tun ihr Bestes.

»Jeder bekommt einen Namen.«

inzwischen am Fluss angelangt und löst sich dort in viele kleine Hundegrüppchen auf, die am Ufer herumstromern, durchs Wasser waten oder jenseits des Flusses den Hügel hinaufwandern. Zusammen mit einer Handvoll Menschen, die gerade noch mit ihnen gerannt sind und sie angefeuert haben mit ihren Vamos-vamos-Rufen.

Es ist früh am Morgen im Hochland von Costa Rica. Ich besuche einen magischen Ort namens Territorio de Zaguates, was so viel heißt wie »Land der Streuner«. Das Territorio ist ein riesiges privat geführtes Areal für heimatlose Hunde und liegt nördlich der Hauptstadt San José. Dort ist das Klima kühl, dort wachsen die Regenwälder und an Wasser herrscht kein Mangel, ganz anders als in den tropisch-heißen Küstenregionen. Das Territorio sieht aus wie ein Paradies – aber es ist ein Tierheim. Allerdings eines, wie ich es noch nie gesehen habe.

Am Tag streifen die Hunde frei über das Gelände, trotz ihrer riesigen Anzahl. Nur nachts schlafen sie in großen Gehegen. Mit seinen rund 60 Hektar bietet das Land viel mehr Platz, als je genutzt wird. Wo es endet, lässt sich nicht überblicken, seine Grenzen verlieren sich am Horizont. Die Hunde, die hier leben, weil sie ausgesetzt, abgeschoben oder misshandelt worden sind, bekommen täglich ihr Futter. Sie werden zum Tierarzt gebracht, wenn sie krank sind, sie haben Menschen, die sich um sie kümmern. Das ist die eine Seite, die das Territorio für Costa Ricas heimatlose Hunde zum Paradies macht. Die andere Seite ist wenig paradiesisch. Wie den meisten Tierheimen dieser Welt fehlt es auch dem Territorio dramatisch an Geld. Für 800 Hunde müssen täglich rund 300 Kilo Futter beschafft und bezahlt werden, der ganze Betrieb verschlingt Unsummen. Staatliche Zuschüsse gibt es nicht, das Einzige, was das Tierheim am Leben erhält, sind Spenden – und die unermüdliche Tatkraft, Hingabe und Entschlossenheit seiner Gründerin Lya Battle.

EIN TIERHEIM OHNE GITTERSTÄBE

Die kleine Frau mit den hellgrünen Augen steht jetzt neben mir und zeigt mit weit ausholenden Bewegungen über das Land, das ihr gehört. Sie ist schmal, hat muskulöse Oberarme und eine Vergangenheit, die einem den Atem verschlägt. In ihrem früheren Leben gab es keine Geldsorgen, ganz im Gegenteil. Lya Battle ging auf Highheels, lebte in einer Villa mit Innenhof, verbrachte die Sommermonate in Miami, zusammen mit ihrem Mann Alvaro Saumat, einem ehemaligen Unternehmer. Dann brach sie sich 1998 bei einem Autounfall das Genick, genauer gesagt den Atlaswirbel. »Seien Sie dankbar«, sagten die Ärzte: »Sie werden an allen Gliedern gelähmt sein, aber Sie müssen nicht beatmet werden.«

Geglaubt hat sie das nicht eine Sekunde. »Ich war mir so sicher, dass ich eines Tages wieder laufen kann«, sagt sie und klopft sich auf die Oberschenkel. Zwei Jahre später folgte das nächste Unheil, als ihr Vater zur Waffe griff und seine Frau erschoss, Lyas Mutter. Für viele Jahre verschwand er im Gefängnis. Ein Geschwisterstreit entbrannte um das riesige Land, auf dem wir jetzt stehen. Einst hatte es Lyas Großvater gehört, der es seiner Enkelin vererbte. Während sie als Lehrerin arbeitete, hatte sich der Vater um das Areal gekümmert und um die Farm, die darauf stand. Nun war er in Haft und Lyas Bruder meldete Ansprüche an. Acht Jahre stritten sich die Geschwister vor Gericht, bis Lya das Land und alles, was sich auf ihm befand – Hof, Stallungen, Nebengebäude –, zugesprochen bekam.

Ein Jahrzehnt der Heimsuchungen ging damit zwar zu Ende, ruhiger wurde es trotzdem nicht. Während all dieser Zeit gelang es Lya und Alvaro nie, das Elend vor ihrer Villentür zu ignorieren. Heimatlose Hunde kämpften auf der Straße um ihr Leben. Sie waren gezeichnet von illegalen Hundekämpfen, verloren ihr Zuhause als alte und kranke Tiere oder hatten nie eines besessen, weil sie zur Flut unerwünschter Welpen gehörten. »Anfangs haben wir die Hunde eingesammelt und zum Tierarzt gebracht«, erzählt Lya. »Dann haben wir Menschen für sie gesucht, die sie aufnehmen wollten.« Aber von denen gab es viel zu wenige. So sammelten sich in der Villa mit Innenhof allmählich die Vierbeiner: große, kleine, alte, kranke, dreibeinige.

»Warum habt ihr sie nicht ins Tierheim gebracht?« Lya lächelt breit. Tierheim? Das ist der Ort, wo ein Hund ins Gefängnis muss, wo er den ganzen Tag im Käfig sitzt und nichts anderes mehr sieht als seine kleine Fläche, auf der er lebt. »Das mache ich nicht mit.« Das musste sie auch nicht, denn sie hatte ihr Land. In Costa Rica, zumindest in den Bergen, kann man das ganze Jahr über draußen leben. Es wird nie zu kalt und die Hitze der Sommermonate lässt sich unter schattigen Bäumen gut aushalten.

Aktuell leben 1800 Hunde im Territorio. Zum Zeitpunkt unseres Besuches im Jahr 2017 waren es noch rund 800.

Dort sitzen wir jetzt, nachdem wir eine Stunde über die Hügel gewandert sind, mit zahllosen Hunden im Schlepptau. Als Erstes erstaunt mich, dass es nicht zu Raufereien kommt, zumindest nicht an den Tagen, an

Morgens stürmen die Hunde laut bellend aus den Gehegen raus ins Freie.

Wenn es Futter gibt, drängen sich die Hunde dicht zusammen.

denen wir hier sind. Das liegt vielleicht an der »Vamos, vamos«-Methode, die die Mitarbeiter des Territorios anwenden, sobald es zu Spannungen kommt. Sträubt sich irgendwo ein Nackenhaar, springt auf, wer am nächsten ist, und rennt mit langen Schritten los. Dabei ruft er oder sie ununterbrochen: »Vamos, vamos!« Dieser Einladung können die Hunde nicht widerstehen. Sie setzen dem Flüchtenden nach und vergessen auf der Stelle, was gerade noch für Unmut gesorgt hat.

Das Zweite, was mir auffällt: Die Hunde zerstreuen sich nicht in alle Richtungen, wie ich erwartet hätte, sondern halten sich dort auf, wo Menschen sind. Wer zu Besuch kommt und über die gemähten Hänge des Territorios spaziert, tut das stets in Begleitung von größeren und kleineren Hundegruppen. Wer sich im Wald niederlässt, sieht sich bald von Vierbeinern umringt, die es ihm gleichtun. So wie jetzt. Wir lagern unter Bäumen im lichten Schatten, inmitten von Hunden wie bei einer Versammlung. Viele suchen unsere körperliche Nähe, lehnen sich gegen unsere Beine, stupsen uns mit Schnauzen und Pfoten an, beschnuppern Haare und Ohren.

Dass Hunde sich nach Menschen sehnen, ist vermutlich Teil ihres genetischen Codes, sie können nicht anders. Diese Entdeckung machten der US-amerikanische Hundeforscher Clive Wynne und die Biologin Bridgett vonHoldt bei der Analyse des hündischen Erbguts. Sie fanden heraus, dass eine Genmutation für die Menschenliebe von Hunden verantwortlich sein könnte, bei Wölfen kommt sie nicht vor. »Das Wesen des Hundes ist Liebe«, sagt Wynne. Und diese Liebe gilt uns.

1

2

3

4

5

1 – Die Meute ist riesig und wächst weiter.

2 – Zwischendurch ist Zeit für ein bisschen Spaß.

3 – Nachmittags kehrt Ruhe ein.

4 – Gassigehen im Territorio.

5 – Hundevermittlung am Einkaufszentrum.

EIN NAME FÜR JEDEN NAMENLOSEN

»Das ist Chewbacca«, sagt Lya und zeigt auf einen Mischling mit langem Fell und wasserblauen Augen. Sie selbst hält einen kleinen Pinschermix auf dem Schoß und erzählt, dass jeder Hund bei seiner Ankunft einen Namen bekommt. Erst dann wird er dem Tierarzt vorgestellt und für einige Wochen in einen Zwinger gesteckt, bis man weiß, ob er krank ist oder nicht. Diese erste Zeit ist für alle furchtbar. Manchmal sitzen da gut gepflegte Hunde, die erkennbar ein Zuhause hatten, in einer fremden Welt im Zwinger, umgeben von Hundelärm und Staub. Genauso einen habe ich bei meiner Ankunft im Territorio gesehen: einen schneeweißen Schäferhundmischling, seit zwei Tagen im Heim. Er stand in seinem Käfig wie unter Schock und heulte sich die Seele aus dem Leib, Stunde um Stunde.

Das ist das eigentliche Dilemma des Streunerparadieses. Es ist durch viele Youtube-Videos und Facebook-Einträge berühmt geworden in aller Welt. Nun kommen zwar täglich zahlreiche Besucher, aber die wenigsten adoptieren einen Hund, so wie es einmal gedacht war. Die Ursprungsidee von Lya Battle ging so: Ein Tierheim führen, in dem Hunde frei leben können, und zeigen, dass es funktioniert. Wenn die Leute sehen, wie gut das klappt, dann kommen sie, gehen mit den Hunden spazieren, freunden sich mit einem an und nehmen ihn mit nach Hause.

Eher ist das Gegenteil der Fall. Später am Tag treffe ich eine Besucherin aus den USA, die mir zuraunt: »Wer will schon einen Hund aus einem solchen Paradies adoptieren und ihn in eine kleine Wohnung mitnehmen?« Doch damit nicht genug, inzwischen werden auch Hunde vor dem Eingang abgeladen, die niemals auf der Straße lebten. Ständig bekommt Lya Anrufe von Leuten, die sagen: »Ich bringe Ihnen jetzt meinen Hund vorbei, bei Ihnen hat er es besser.«

Deshalb ist ein Mensch wie Marcella so wichtig. Marcella Castro-Wedel ist Pilates-Lehrerin, Lyas engste Vertraute und diejenige Person, die Nein sagen kann, wenn Lya und Alvaro zu weichherzig sind. Doch selbst Marcella mit ihrer resoluten Stimme und dem strengen Gesichtsausdruck kann nicht verhindern, was gegen Abend passiert. Die Mitarbeiter schlagen Alarm: Ein Auto steht vor dem Tor, mit drei Hunden darin. Lya und Marcella eilen im Laufschritt die Straße hinab zum Eingang. Als sie ankommen, hebt eine junge Frau bereits die Hunde aus dem Wagen, die alle ein Halsband tragen. Sie sei vom Tierschutz, behauptet sie, habe diese drei aus einem Hinterhof gerettet. Dort hätten sie ein schlechtes Leben gehabt. Doch die Tiere sehen gepflegt aus, ganz und gar nicht nach

Die meiste Zeit laufen die Hunde entspannt hintereinander her.

Notfall. »Laden Sie die Hunde wieder ein«, sagt Marcella finster. »Wir nehmen sie nicht auf. Wir sind überfüllt.« Doch die Frau verliert keine Zeit, sitzt schon wieder im Auto, startet den Motor und setzt zurück. Mit durchdrehenden Reifen fährt sie davon. Ihre Hunde schnüffeln am Straßenrand, einer hebt sein Bein an der Macchia, die überall an den Hängen wuchert. Marcella flucht. Dann öffnet sie das Tor und lässt die Tiere aufs Gelände.

»Hier draußen«, sagt Lya zu mir, »kann es passieren, dass Nachbarn sie vergiften.« Dass eine Costa Ricanerin ihr bestes Weideland, das sogar eigenes Wasser führt, an Hunde verschwendet, die keiner haben will, ist für einige von Lyas Nachbarn unbegreiflich. Deswegen machen sie ihr immer mal wieder das Leben schwer. Nachts werden Rinder und Pferde aufs Gelände getrieben, um sie dort zu weiden. Oder Wasserleitungen geben den Geist auf, weil sie durchgeschnitten worden sind. Hunde, die das Territorio verlassen, um in der Siedlung im Tal herumzustromern, überleben ihre Ausflüge nicht immer.

BRING MICH HEIM!

Das Hauptproblem bleibt aber der stete Zustrom an Hunden: Täglich gehen mehr Tiere ins Territorio hinein als hinaus. Daher greifen Lya und ihre Leute zu einer niedrigschwelligen Methode der Hunde-

Links: Ein Meer aus Hunderücken.

Oben: Einige Hunde suchen die menschliche Gesellschaft stärker als andere. Unten: Am steilen Abhang sammelt sich das Rudel.

»Was ist das Wichtigste?
Ein eigenes Zuhause«

vermittlung. An einem Samstagmorgen fahren zwei Mitarbeiter etliche Tierheimzöglinge, die hübsch, jung und sauber aussehen, zu einem Einkaufszentrum nach San José und setzen sie dort in kleine Verschläge. Ein Schild in Neongelb macht klar, worum es hier geht: »Adopte me!« (»Adoptier mich.«) Im Nu versammeln sich Passanten um die provisorischen Absperrungen, schnalzen mit der Zunge, locken die Hunde zu sich, streicheln sie, lachen, zeigen mit dem Finger auf den einen oder anderen. Wer sich zum Kauf entschließt, bekommt seinen Wunschhund an der Leine überreicht, wird ausführlich beraten und muss versprechen, das Tier zum Territorio zurückzubringen, falls das Zusammenleben nicht klappt. An diesem Tag finden mehrere Hunde ein neues Heim, so auch der kleine Beagle-Mix, der sich immer wieder auf die Hinterbeine stellt, um an die Hände der Zuschauer zu gelangen. Er wird aus seinem Verschlag gehoben und verlässt mit seinem neuen Menschen das Einkaufszentrum und damit das Territorio.

»Was braucht so ein Hund mehr als uns?«, hatte Lya einmal einen freiwilligen Helfer gefragt, der mit dieser Art der Vermittlung nicht klarkam. Sie selbst gab die Antwort: »Ein eigenes Zuhause.« Mit einem Menschen, der diesen Hund mag und an seiner Seite bleibt. Dagegen ist selbst das Paradies machtlos.

WARUM LIEBEN HUNDE MENSCHEN?

Warum Hunde sich so stark an Menschen binden, konnte die Forschung lange Zeit nicht so recht erklären. Sollte das ausschließlich an den vielen Jahrtausenden der Domestikation liegen? Oder gibt es vielleicht auch eine genetische Komponente, die darüber hinausgeht?

Der Lösung des Rätsels kam die US-amerikanische Biologin Bridgett vonHoldt im Jahr 2010 vermutlich näher, als sie Genveränderungen bei Hunden entdeckte, die Wölfe nicht haben. Es handelte sich um Abweichungen im Erbgut, wie sie auch bei manchen Menschen vorkommen. Dort sind sie bekannt als Williams-Beuren-Syndrom oder kurz Williams-Syndrom. Es führt bei den Betroffenen zu einer Vielzahl von gesundheitlichen Beeinträchtigungen, aber es macht die Träger auch besonders sozial. Sie haben ein auffallend mitfühlendes, menschenfreundliches Wesen, suchen die Nähe zu anderen und können am besten beschrieben werden mit den Worten: Jeder ist ihr Freund.

Damit lässt sich auch das Wesen der Hunde treffend beschreiben. 2017 fand vonHoldt zusammen mit dem Hundeforscher Clive Wynne ein weiteres Indiz. Diese Mutationen im hündischen Erbgut, die dem menschlichen Williams-Syndrom entsprechen, befinden sich bei Hund und Mensch in derselben Genregion. Für Wynne war das ein starker Beleg für die These, dass die Menschenliebe von Hunden tatsächlich genetischen Ursprungs sein könnte. Sie beruht womöglich auf einer Erbgutveränderung, die bei Menschen das Williams-Syndrom verursacht und mit übergroßer Anhänglichkeit einhergeht. Oder anders gesagt: Vielleicht lieben Hunde uns, weil sie nicht anders können, weil die Zuneigung zu uns in ihren Genen steckt.

Allerdings beschreibt die Genetik nur das Potenzial, das in Lebewesen steckt. In einer feindlichen Umwelt kann es verkümmern. Ein Hund, der ohne Kontakt zu Menschen aufwächst, fühlt sich in ihrer Nähe unwohl, da helfen auch seine Gene nichts. Ihm fehlt zeitlebens das Vertrauen, das sich nur in der Welpenzeit bildet.

AÏDIS AUF GUT GLÜCK

In den Bergen Marokkos lebt ein uralter Herdenschutzhund, der Aïdi. Wie vor Tausenden von Jahren zieht er mit Schaf- oder Ziegenherden durch das Atlasgebirge, zusammen mit seinem Hirten. Die Suche nach ihm verlangte allerdings jede Menge Improvisation.

Die Hauptaufgabe der Aïdis ist der Schutz und die Verteidigung ihrer Schaf- und Ziegenherden sowie der Lager der Hirten.

Da sitze ich nun seit über einer Stunde auf einem Felsen und warte in der Nachmittagshitze. Um mich herum Geröll und die Berge – und ansonsten nichts. Kein Gebäude in Sicht. Kein Bus in Sicht. Kein Mensch in Sicht. Meine Wasserflasche ist fast leer, ich traue mich kaum noch zu trinken. Mein Handy hat keinen Empfang.

Manche Reisen lassen sich einfach organisieren, andere nicht. Von Anfang an war der Wurm drin in meinem Plan, Aïdis zu fotografieren, die marokkanischen Herdenschutzhunde. Es gibt nur zwei Rassen, die aus Marokko stammen, die andere ist der Sloughi. Beim Aïdi-Club in Rabat hatte ich nie jemanden erreicht, weder telefonisch noch per Mail. Ich hatte also keinen Ansprechpartner im Land. Im Grunde wusste ich nur, dass Aïdis im Atlas vorkommen, einem langgestreckten Hochgebirgszug, der von Marokko über Algerien bis nach Tunesien reicht. Dort wandern Schaf- und Ziegenherden über die Hänge, geführt von Hirten und bewacht von ihren Hunden. Kurzerhand beschloss ich, mich ohne Kontakte auf den Weg zu machen. Ich war schon mehrmals in Marokko und hatte dort sehr hilfsbereite Menschen erlebt. Irgendwie würde es funktionieren …

Schafe und Ziegen gibt es im Atlasgebirge deutlich mehr als Kühe. Ihr Fleisch wird gegessen, aus ihrer Wolle werden auch die berühmten Berberteppiche hergestellt.

Kann es sein, dass ich das Taxi schon verpasst habe? Oder kommt es erst in ein paar Stunden? Ich muss nach Ifrane, eine Stadt im Gebirge. Langsam wird mir ungemütlich, denn nun machen sich auch noch Zweifel in mir breit. Ich kann kein Arabisch. Die Atlasbewohner sind traditionell Berber oder Imazighen, »freie Menschen«. Viele von ihnen leben als Halbnomaden oder Bauern. Sie sprechen Tamazight, eine vielfältige Sprache mit verschiedenen Dialekten, die ich natürlich auch nicht beherrsche. Mein einziger Anhaltspunkt ist ein Mensch namens Rachid, Freund einer marokkanischen Freundin, der in Ifrane lebt. Rachid wandert gern durchs Atlasgebirge und hat sich bereit erklärt, mich auf der Suche nach Aïdis zu begleiten. Die Sprache der Berber kann er zwar auch nicht, aber immerhin spricht er Arabisch und kennt sich in der Gegend aus. Also habe ich Schlafsack und Fotoausrüstung gepackt und mich ins Flugzeug nach Casablanca gesetzt. Auf gut Glück.

Dort angekommen, entschied ich mich für den landesüblichen Weg nach Ifrane, das 300 Kilometer weiter südlich liegt: eine Kombination aus Bussen und Sammeltaxis. Als der klapprige VW-Bus jedoch im Nirgendwo anhielt und der Fahrer mir zu verstehen gab, dass ich hier aussteigen soll, wurde mir mulmig. Und jetzt sitze ich da, lausche auf die Geräusche, die der Wind macht. Gerade als ich mich frage, ob ich nicht besser die Straße entlangwandern soll, um vielleicht eine Siedlung zu erreichen, sehe ich in der Ferne ein Auto, halb von einer Staubwolke verschluckt. Ich bin fest entschlossen, es anzuhalten und den Fahrer zu fragen, ob er mir helfen kann.

Als das Gefährt sich nähert, bremst es von selbst ab und kommt neben mir zum Stehen. Auf dem Autodach sind Lichter montiert: Es ist ein Polizeiauto. Zwei Uniformierte steigen aus und beginnen, mir Fragen zu stellen. Ich weiß nicht, was sie sagen, sie sprechen Arabisch. Ich kann ihnen nur auf Französisch mein Problem schildern. Aber das klappt, sie verstehen mich. Und nicht nur das: Sie lächeln, öffnen die Hintertür ihres Autos und lassen mich einsteigen. Sie fahren mich den ganzen Weg bis nach Ifrane zur Busstation, wo ich mit Rachid verabredet bin.

Zu meinem Glück ist er schon da. Sitzt in seinem Wagen, hupt und winkt, als ich aus dem Polizeiauto aussteige und mich überschwänglich bei meinen Helfern bedanke. Da es bald dunkel wird, verlieren wir keine Zeit und fahren zu einem See an den Hängen des Atlas, wo wir anderntags unsere Aïdi-Suche starten wollen. Unterwegs lerne ich Rachid kennen. Er arbeitet an einer Hotelrezeption, hat sich ein paar Tage frei genommen und ist jetzt umwerfend guter Laune, weil er sich auf den Ausflug freut. Er liebt Hunde, sagt er, und kann es kaum erwarten, Aïdis zu treffen.

Als wir ankommen und die beiden Zelte ausladen, die Rachid eingepackt hat, dämmert es bereits. Der See sieht aus wie ein breiter Fluss und liegt inmitten einer Steinwüste. Nur vereinzelt wächst am Ufer Gestrüpp aus dem felsigen Boden.

ALLE SIND AÏDIS

Am nächsten Morgen weckt mich ein klackerndes Geräusch: Hufe auf Steinen rund um mein Zelt. Ich stecke den Kopf ins Freie. Eine Herde von vielleicht 50 Schafen zieht an uns vorbei. Zwei der Tiere bleiben stehen und starren mir ins Gesicht. In der Ferne

»Wer einen Aïdi hat, kann sich sicher fühlen.«

sehe ich einen Mann. Er führt ein Maultier am Zaumzeug, an seiner Seite läuft ein großer Hund. Könnte das ein Aïdi sein?

Auch Rachid ist wach geworden. Wir frühstücken und beschließen, dem Mann und seinen Tieren hinterherzuwandern. Ich bin mir jetzt sicher, dass der Hund ein Aïdi war. Er war groß, er hatte buschiges Fell, er folgte einem Hirten. Außerdem scheint es hier keine andere Schutzhundrasse zu geben. Wobei das Wort Aïdi nicht nur die Rasse bezeichnet, wie ich später erfahre. Auf Tamazight bedeutet Aïdi einfach nur »Hund«. Wer also im Atlas auf eine Viehherde stößt, wird auch auf einen Aïdi treffen. Mit Glück holen wir die Herde ein und ich kann den ersten »Hund« dieser Reise fotografieren.

Wir brechen auf und wandern am See entlang, immer der Richtung nach, die der Mann mit seinen Tieren eingeschlagen hat. Bis wir auf einen Trampelpfad stoßen, der vom Ufer fort und einen Hang hinaufführt. Wo ein Pfad ist, denke ich, sind vielleicht Menschen. Als wir oben auf dem Hang stehen, sehen wir tatsächlich in der Ferne ein Zelt, ein dunkles Gebilde aus Stoff über Holzstangen, mit Seilen vertäut. Auf dem Dach scheint sich etwas zu bewegen. Immer wieder schlägt es Wellen. Im Näherkommen erkennen wir, dass dort zwei kleine Ziegen herumklettern.

Wie aus dem Nichts bricht das Gebell los. Rachid und ich bleiben abrupt stehen. Ein schwarz-weißer, staubiger Hund, den wir nirgendwo gesehen haben, baut sich vor dem Zelt auf, groß und drohend. Vielleicht hatte er im Schatten gelegen. Jetzt starrt er uns an,

Wir werden überall freundlich begrüßt, auch wenn die sprachliche Kommunikation holprig ist. Oft haben wir es sehr bedauert, uns nicht besser verständigen zu können.

Oben: Wir werden vom Zelt aus beobachtet.
Unten: Eine typische Szene im Atlasgebirge.

Kopf und Rute hoch erhoben, die Rückenhaare bilden eine Bürste. Er bellt so laut, dass im Umkreis von einigen Kilometern alle gewarnt sind. Wir rühren uns nicht, ich wage kaum zu atmen. Der Rand des Zeltes hebt sich, ein paar Kinder treten ins Freie, gefolgt von einer Frau mit einem weißen Kopftuch. Sie betrachtet uns kurz, dann spricht sie uns an. Was sie sagt, können wir nicht verstehen, es muss Tamazight sein, aber sie lächelt. Als Rachid es mit Arabisch versucht, schüttelt sie den Kopf.

Das Bellen hat aufgehört. Der Hund entspannt sich und legt sich neben das Zelt in den Schatten. Doch er lässt uns nicht aus den Augen. Ich setze meinen Rucksack ab, hole eine Ausgabe des Hundemagazins heraus, für das ich arbeite, reiche es der Frau. Sie nimmt das Heft entgegen und winkt uns, ihr zu folgen. Hinein in das Zelt und vorbei an dem Hund, der uns nachblickt. Am liebsten würde ich ihn sofort fotografieren, jetzt da ich für ihn kein Störenfried mehr bin. Aber ich will nicht unhöflich sein. Dieser Hund bewacht keine Herde, sondern seine Menschen und ihr Zuhause – und das macht er sehr gut. Er wird sich keinen Steinwurf weit davon entfernen.

ERST FREMD, DANN GAST

Wir ziehen den Kopf unter den Stoffbahnen ein, betreten einen dunklen, kühlen Raum, ausgelegt mit Teppichen. Eine junge Frau in der Mitte des Zeltes gießt Tee auf. Hier drin gibt es keine Möbel und nur wenige Gegenstände. Mit einer Geste werden wir aufgefordert, Platz zu nehmen. Hinter uns drängen die Kinder herein, beäugen uns neugierig. Als wir uns auf die Teppiche setzen, reichen die Frauen uns Tee, Fladenbrot und Honig. Wir versuchen, mit Blicken, Gesten und unserem Lächeln zu sagen, dass wir dankbar für die Einladung sind. Dankbar dafür, dass diese Familie uns als Gäste betrachtet, nicht als Eindringlinge.

Alle zusammen sitzen wir im Kreis auf dem Boden, die Kinder schwatzen durcheinander. Ich trinke den Minztee in kleinen Schlucken. Er ist süß und heiß und eine Wohltat nach der Wanderung. Die Frau mit dem Kopftuch hat der jüngeren das Hundeheft gegeben, die jetzt langsam die Seiten wendet, während ihr die Kinder links und rechts über die Schulter schauen. Als sie eine Werbeanzeige für glitzernde Hundehalsbänder aufschlägt, fangen alle an zu kichern, stoßen sich an und tuscheln miteinander. Die nächste Seite zeigt ein riesiges Auto, aus dem Hunde herausspringen. Was mögen all diese Menschen denken beim Anblick dieses Heftes?

Ich hole meine Kamera aus dem Rucksack, zeige den Frauen Fotos von Hunden im Display, die ich früher gemacht habe. Dann deute ich auf den Zeltausgang und wieder zurück auf die Kamera. Die Frau mit dem Kopftuch versteht mich sofort. Sie nickt und steht auf, schlägt das Zelttuch zurück. Der Hund liegt direkt am Eingang und blickt mir ruhig entgegen. Ich gehe vorsichtig vor ihm in die Knie und mache das erste Bild. Er schließt die Augen, streckt seine Beine von sich. Hin und wieder schüttelt er mit den Ohren die Fliegen ab. Ich fahre mit meiner Hand leicht über seinen zerzausten, staubigen Pelz, sein Fell ist enorm dick und fühlt sich fast wie die Wolle von Schafen an. Er bewegt sich nicht. Ich weiß nicht, ob er Streicheln gewohnt ist, aber er scheint nichts dagegen zu haben.

Aïdis haben häufig kupierte Ohren. Teilweise glauben ihre Besitzer, dass dadurch Ohrentzündungen oder Verletzungen bei Kämpfen mit anderen Hunden vermieden werden.

GOLDEN TIME

HARTES LEBEN, GUTES TEAM

Zwei Tage später kann ich gar nicht mehr glauben, dass ich vor Kurzem noch auf einem Felsen saß und den Sinn dieser Reise bezweifelt habe. So holprig der Start war, so leicht geht sie zu Ende. Denn der Hundeverband, der Aïdi-Club, hat sich doch noch gemeldet. Er gibt mir die Telefonnummer eines ortsansässigen Bergführers, der Mhammed heißt und selbst Berber ist. Mhammed kennt zahlreiche Hirten und Dorfbewohner, die Aïdis halten. Er lebt nicht weit von Ifrane entfernt und spricht zu meinem Glück sogar Französisch. Nachdem Rachid wieder zur Arbeit muss, treffe ich Mhammed. Zwei Tage lang fahre ich mit ihm über die Dörfer im Atlas, trinke Unmengen Minztee, treffe Schäfer mit ihren Aïdis auf der Wanderschaft. Lerne alte Menschen in Dörfern kennen, die ihre Hunde in Hütten halten. Auf einem Marktplatz stoße ich auf herumstreunende Aïdis, die aussehen, als gehörten sie niemandem. Doch ich glaube, dass sie mit ihren Hirten gekommen sind, die Schafe und Ziegen verkaufen. Alle diese Hunde sehen unterschiedlich aus, können groß oder eher klein sein und in allen Farbvarianten vorkommen. Nur ihr Pelz ist immer dick, er schützt sie vor Kälte und Hitze, vor Schlangenbissen und Raubtierattacken. Und noch etwas haben alle gemeinsam: ihren Schutztrieb. An einem Aïdi, das erlebe ich im Atlas immer wieder, kommt man nicht vorbei. Wer einen hat, kann sich sicher fühlen.

Dabei ist das Leben dieser Tiere hart und archaisch. All die Annehmlichkeiten, die unsere Hunde gewohnt sind, die weichen Decken, die reichlichen Futterrationen, sind ihnen gänzlich fremd. Ein Aïdi bettet seinen Kopf auf Steine, wenn er schläft. Essen gibt es nicht immer. Dafür sind diese Hunde überwiegend kerngesund und verfügen über enorme Kraft – an die Wucht ihres Gebells erinnere ich mich noch heute. Für ihre Nomadenhirten sind sie unentbehrlich. Damit tun sie das, was schon ihre Vorfahren getan haben und wofür Hunde einst geschaffen worden sind: Sie bilden mit ihren Menschen ein unschlagbares Team.

IDEAL UND WIRKLICHKEIT

Der Aïdi wird bei der Fédération Cynologique Internationale (FCI) als Nummer 247 in der Gruppe der Pinscher und Schnauzer, Molosser und Schweizer Sennenhunde geführt, in der Untergruppe der »Berghunde«. Aïdis sind seit 1963 eine von der FCI anerkannte Rasse. Der Standard beschreibt die Merkmale einer Hunderasse und legt fest, wie sie aussehen soll und welches Verhalten erwartet wird. Ausschlusskriterien bei einem Aïdi wären zum Beispiel Ängstlichkeit, übermäßige Aggressivität, aber auch Stehohren oder eine ungenügend buschige Rute.

Mit der Alltagswirklichkeit von marokkanischen Hirten hat das jedoch nicht viel zu tun. Schäfer legen wenig Wert auf den Standard eines fernen Verbandes. Ihre Aïdis sind vor allem Arbeitstiere, die ihrer Aufgabe gewachsen sein müssen. Einem nomadisch lebenden Hirten käme es niemals in den Sinn, einen tauglichen Wachhund in die Wüste zu schicken, nur weil er Stehohren hat.

Aber auch in Marokko gibt es Hundeausstellungen, auf denen die Aïdis prämiert werden, die dem Standard am ähnlichsten sind. Manchmal sind dies Hunde von Züchtern in der Stadt, die im ganzen Land umherfahren, um die schönsten Deckrüden für ihre Hündinnen zu finden, und manchmal sind dies Hunde, die direkt aus den Bergen kommen.

DIE AUTORINNEN

Tiere sind seit ihrer Kindheit die Leidenschaft von **Debra Bardowicks.** Sie studierte Biologie und wissenschaftliche Fotografie in England und Finnland. Als Tierfotografin bereiste sie über 40 Länder auf allen Kontinenten der Erde.

Katharina Jakob ist Wissenschaftsjournalistin und Buchautorin. In ihrem Buch »Warum Wale Fremdsprachen können« beschäftigte sie sich mit tierischer Intelligenz und recherchierte, wie Tiere denken und fühlen.

DANK

Dieses Buch und unsere Reisen wären ohne die Protagonisten, ihre Familien und Teams nicht möglich gewesen. Bedanken möchten wir uns bei allen Beteiligten, vor allem bei:
Alvaro Saumet Martinez, Amanda Slater, Dr. Aurélie Manin, Bobby Slater, Carla Peralta, Jay Häfliger, Emiliano aus Arang Dak, Jesus aus Arang Dak, Perla aus Arang Dak, Prof. Jeremy Koster, Graeme Bell, Hamad Al-Ghanem und seinem Team, Heidi Huebner, Janie Bordon, Kan Sato, Linda Behrendorff, Lya Battle und Team, Marcella Castro-Wedel, Marion Anderson, Mohamed El Krouchni, Monique Pancake, den Mönchen von Wat Chaeng, Nadine Lederfine, Shigeru Niho, Rachid Aderdour, Ricardo Forastieri und seinem Team, Shigeru Kato, Tiffany Butcher, Tom Samui, Victoria Bell

LIEBE LESERINNEN UND LESER,

wir wollen Ihnen mit diesem Buch Informationen und Anregungen geben, um Ihnen das Leben zu erleichtern oder Sie zu inspirieren, Neues auszuprobieren. Wir achten bei der Erstellung unserer Bücher auf Aktualität und stellen höchste Ansprüche an Inhalt und Gestaltung. Alle Anleitungen und Rezepte werden von unseren Autoren, jeweils Experten auf ihren Gebieten, gewissenhaft erstellt und von unseren Redakteur*innen mit größter Sorgfalt ausgewählt und geprüft.

Haben wir Ihre Erwartungen erfüllt? Sind Sie mit diesem Buch und seinen Inhalten zufrieden? Wir freuen uns auf Ihre Rückmeldung. Und wir freuen uns, wenn Sie diesen Titel weiterempfehlen, in Ihrem Freundeskreis oder bei Ihrem Online-Kauf.

Sollten wir Ihre Erwartungen so gar nicht erfüllt haben, tauschen wir Ihnen Ihr Buch jederzeit gegen ein gleichwertiges zum gleichen oder ähnlichen Thema um.

KONTAKT ZUM LESERSERVICE

GRÄFE UND UNZER VERLAG
Grillparzerstraße 12
81675 München
www.gu.de

IMPRESSUM

GU ist eine eingetragene Marke der GRÄFE UND UNZER VERLAG GmbH, www.gu.de

ISBN 978-3-8338-7560-1
1. Auflage 2022

Projektleitung: Fabian Barthel
Lektorat: Ulrike Schöber, Dortmund
Korrektorat: Anne-Sophie Zähringer
Bildredaktion: Petra Ender; Natascha Klebl (Cover)
Umschlaggestaltung und Layout: ki 36 Editorial Design, Katja Wohnrath
Herstellung: Petra Roth
Satz: griesbeckdesign, Dorothee Griesbeck
Reproduktion: Longo AG, Bozen
Druck: Firmengruppe APPL, aprinta druck, Wemding
Bindung: Conzella, Pfarrkirchen

Umwelthinweis:

Nachhaltigkeit ist uns sehr wichtig. Der Rohstoff Papier ist in der Buchproduktion hierfür von entscheidender Bedeutung. Daher ist dieses Buch auf PEFC-zertifiziertem Papier gedruckt. PEFC garantiert, dass ökologische, soziale und ökonomische Aspekte in der Verarbeitungskette unabhängig überwacht werden und lückenlos nachvollziehbar sind.

Bildnachweis:

Cover: Debra Bardowicks

Weitere Bilder: Alle Bilder in diesem Buch stammen von Debra Bardowicks, mit Ausnahme von: David Ausserhofer (Robert Bosch Stiftung): 190-2; Jay Häfliger: 059; Prof. Jeremy Koster: 022; Team Lya Battle: 009, 161; Team Ricardo Forastieri: 125-4; Willi Schmolke: 190.

Syndication: www.seasons.agency

Wichtiger Hinweis

Die Gedanken, Methoden und Anregungen in diesem Buch stellen die Meinung bzw. Erfahrung der Verfasserinnen dar. Sie wurden von den Autorinnen nach bestem Wissen erstellt und mit größtmöglicher Sorgfalt geprüft. Dennoch erfolgen alle Angaben ohne Gewähr. Weder Autorinnen noch Verlag können für eventuelle Nachteile oder Schäden, die aus den im Buch vorgestellten Informationen resultieren, eine Haftung übernehmen.

GRÄFE UND UNZER
Ein Unternehmen der
GANSKE VERLAGSGRUPPE